숨쉬는
것들의
역사

단숨에 읽는 35억 년 생물 이야기

숨쉬는
것들의
역사

이지유 지음

창비

지구에는 다양한 생물이 산다. 크기, 무게, 습성, 생김새, 사는 곳 등으로 분류하자면 끝이 없을 정도로 다양하다. 생물이 이렇게 다양한 이유는 무엇일까? 그래야 오래 살아남을 수 있기 때문이다. 여기서 오래 살아남는다는 것은 생물 한 종이 멸종하지 않고 대를 잇는다는 뜻이 아니다. 어떤 생물이든 상관없다. 지구 입장에서는 누가 살아남든 다를 것이 없다.

실제로 35억 년에 이르는 지구 생물의 역사를 살펴보면 수없이 많은 생물이 나타났다 사라지곤 했다. 지구에 닥쳤던 갖가지 재난과 위험에도 생물이 전멸하지 않은 이유는 다양한 생물 가운데 어찌어찌 살아남은 것이 있었기 때문이다. 재미난 사실은 그렇게 살아남은 것들이 덩치 크고 힘센 동물이 아니라 주로 크기가 작고 힘이 없어 땅속에 굴을 파고 살던 동물이라는 것이다. '새옹지마'라는 말이 딱 들어맞는다.

성적이 좋지 않아 좌절하는 사람, 키가 작고 잘생기지 않아 괴로운 사람, 부모의 경제력이 부족해 자기 꿈을 제대로 펼치지 못하는 사람 등, 지금 이 순간 어려움을 겪고 있는 사람들은 먼 옛날 힘없던 생물들이 어떻게 새로운 서식지를 개척했는지 그럼으로써 어떻게 새로운 계보를 만들었는지 보면 좋겠다. 생물의 세계에서는 뭔가 부족한 점이 있었던 무리가 새로운 생명의 줄기를 만들어 낸다. 덩치 크고 힘 있는 무리는 한때에 불과한 전성시대를 만끽하다 결국에는 자원을 다 까먹고 멸종하고 만다. 인간이라는 생물도 길게 보면 크게 다르지 않을 것이다.

생물의 역사는 물 흐르듯 자연스럽게 흘러간다. 거기에는 어떤 억지도 욕심도 목적도 없다. 이 책도 그렇게 읽으면 좋겠다는 생각에, 책의 가제를 처음에는 '그냥 읽어 보는 생명의 역사'로 지었다. 그러나 아무래도 과학책이다 보니 어려운 용어와 개념이 나오기도 하는데, 제목만큼 쉽지는 않다는 불만을 살까 봐 슬그머니 바꿨다.

물론 쉽게 쓰려고 무척 애썼다는 말은 해 두고 싶다. 그래서 지구 생물의 조상이라 할 수 있는 시아노박테리아를 만나러 서호주에 간 이야기부터 시작했다. 우리 집 마당에 사는 식물과 고양이 이야기도 넣었다. 여행기와 정원 관찰기를 동원해서 독자들을 생물의 역사에 끌어들이고 싶었다. 그 이유는 하나다. 35억 년에 걸친 장대한 생물의 역사에 우리 사회 및 나의 상황을 견주어 보면, 오늘과 내일을 어떻게 살아갈지 결정하는 데 도움이 될 것이기 때문이다. 그와 같은 일에 이 책이 힘이 된다면 좋겠다.

2016년 2월

이지유

차 례

들어가며 *5*

1
마블바 처트

여기는 호주 북서부 필바라 지역, 나는 지금 35억 년 전에 만들어진 땅을 밟고 서 있다. 지질학자들이 와라우나 층군(Warrawoona Group)이라고 이름 붙인 이 지역은 어디를 가든 33억 살에서 35억 살 먹은 땅을 밟아 볼 수 있다. 그중에서도 제일 유명한 곳은 호주에서 가장 덥다고 알려진 '마블바'(Marble Bar)다. 한여름이 되면 기온이 50도에 육박하는데 이를 자랑이라도 하듯 마을 입구에는 두꺼운 철판으로 만든, 이글이글 타오르는 태양 모양의 조각과 "호주에서 가장 더운 마을"이라 쓰인 간판이 있다. 평범한 여행자라면 호주에서 가장 덥다는 것 말고는 딱히 이 마을을 찾을 이유가 없다. 물론 세상과 고립된 곳에서 자신을 돌아볼 필요가 있는데,

호주에서 가장 더운 마을이라 적혀 있는 마블바의 간판.

그런 일을 산화철이 듬뿍 포함된 붉은 흙과 돌로 뒤덮인 곳에서 해야만 한다면 이곳에 올지도 모른다. 역시나 그런 괴짜는 좀처럼 없어서 얼마 전 나사(NASA)의 고생물학자들이 떼로 몰려들 때까지 마블바에는 방문자가 무척 드물었다.

과학자, 그중에서도 고생물학자들이 이곳에 관심을 기울이는 이유는 어떤 화석 때문이다. 마을에서 수 킬로미터 떨어진 황무지에서 발견된 화석은 너무 작아서 현미경으로나 볼 수 있는 미화석으로, 어쩌면 지구 상에 최초로 나타난 생명체의 모습을 담고 있을지도 모른다. 이 넓은 땅에서 찾는 것이 눈에 보이지도 않는 미화석이라니! 고생물학자들은 고작 수 마이크로미터밖에 안 되는 미생물의 흔적을 찾으려고 제 발로 이곳까지 찾아와서 고생을 한다.

지질학에 조금이라도 관심이 있는 사람이라면 마블바에서 화석이 나온다는 이야기에 강한 거부감이 일어야 한다. 마블이라면 대리암 또는 대리석을 이르는 말인데, 이 암석은 변성암이라 화석 같은 생물의 흔적이 남을 수 없기 때문이다. 대리암은 석회질이 층층이 쌓여 생긴 석회암이 열과 압력을 받으며 결정이 재배열되어 생성된다. 원래 석회암을 구성하는 석회질은 조개껍데기나 산호 등 생물에서 비롯되지만, 수천 도의 열과 수백 기압의 압력을 가하면 결정 구조가 변한다. 압착되며 변성 과정을 거친 대리암 안에는 미세한 판 구조가 생기고, 이 판들이 빛을 반사해 마치 돌 속에서 빛이 나오는 것처럼 보인다. 이 암석은 중국의 대리 지역에 많기 때문에 대리석이라는 이름이 붙었는데 지질학에서 쓰는 정식 명칭은 대리암이다. 그렇다, 마블은 변성암이다. 그러니 그 속에 생물의 흔적이 남을 수 없다. 생물의 흔적이 나오려면, 그 암석은 변성작용을 겪지 않은 퇴적암이어야 한다.

퇴적암은 말 그대로 고운 흙이나 거친 흙, 자갈 같은 것들이 물이 있는 곳에서 쌓이고 쌓여 만들어진 돌이다. 모래가 쌓이고 굳어 생긴 것을 사암, 진흙이 겹쳐지고 굳어 생긴 것을 이암, 갯바닥에 있는 것 같은 아주 고운 흙이 다져지고 눌려 생긴 것을 셰일이라고 부른다. 오랫동안 흙이 쌓이다 보면 그 사이에 생물의 사체가 끼어들거나 생물이 산 채로 묻히기도 하는데, 이 생물들은 퇴적암

러시아 서북부의 카렐리야 공화국 루스케알라 지방에 있는 대리암층.

속에서 뼈 같은 단단한 부분이 광물로 대치되어 화석으로 남는다. 그래서 퇴적암 속에서는 다양한 생물의 흔적을 찾아볼 수 있다. 그러나 이 퇴적암층이 땅속 깊이 내려가 높은 열과 강한 압력을 동반한 변성 작용을 겪으면 생물의 흔적이 사라진다. 그렇다면 마블바에서는 어떻게 화석이 나왔을까?

결론부터 말하면 마블바의 암석은 마블, 즉 변성 작용으로 만들어진 대리암이 아니다. 흰 줄, 붉은 줄, 짙은 회색 줄이 교대로 겹겹이 쌓여 너무나 아름다운 마블바의 암석은 웬만한 망치로는 깰 수 없을 정도로 단단하고 표면이 매끄러워서 처음에는 다들 대리암인 줄 알았다. 그러나 이 암석은 변성암인 대리암이 아니라 '처트'

(chert)라는 퇴적암이다.

처트는 실리카, 곧 석영으로 이루어진 아주 단단한 퇴적암이다. 혹시나 실리카라는 말을 난생처음 들은 사람을 위해 몇 자 적어 보자면, 실리카는 지각에 가장 많이 들어 있는 원소인 실리콘(Si)과 산소(O)가 결합한 이산화규소(SiO_2)의 또 다른 이름이다. 실리카는 바닷가나 강바닥에 있는 모래의 주요 성분

마블바에 있는 처트층. 대리암층과 비슷해 보이지만 처트층은 퇴적 작용으로 형성된 것이다.

이고 유리나 세라믹, 시멘트의 성분이기도 하며 시계를 만드는 데 쓰이기도 한다.

처트의 단단함을 가장 먼저 알아본 건 석기 시대 사람들로, 그들은 처트를 깨어 날을 세운 뒤 도끼나 칼로 사용했다. 또 부싯돌로 만들어 불을 피우는 데 쓰기도 해서 중국과 일본에서는 처트를 부싯돌이라는 뜻의 '수석'으로 부른다.

우선 처트가 만들어지는 두 가지 방법에 대해 알아보자. 처트는 화학적 퇴적암으로 분류된다. 처트가 생성되는 과정은 근본적으로 염전에서 소금을 만드는 과정과 같다. 소금을 얻으려면 바닷물

을 가둔 뒤 물을 증발시켜야 한다. 자연적으로 생겨난 소금 호수는 만의 입구가 이런저런 원인으로 막혀 바닷물이 바다로 돌아가지 못해 생기지만, 염전은 바닷물을 인위적으로 가둬 둔다는 점이 다르다. 물이 증발하면 염화나트륨의 농도가 짙어지고 나중에는 염화나트륨 분자들끼리 열과 행, 위아래를 맞춰 질서 정연하게 늘어서서 소금 결정을 이룬다. 이것이 우리가 먹는 소금이다. 염전에서는 결정을 적당한 크기로 만들기 위해 농도가 짙어진 소금물을 수시로 저어 주고 갈아엎는다. 그런데 만약 그냥 놔두면 어떤 일이 벌어질까? 그 결과는 우유니 소금 호수를 떠올리면 금방 알 수 있다. 소금 결정은 거대한 덩어리가 된다.

처트가 만들어지려면 활화산으로 둘러싸인 만이나 호수가 있어야 한다. 바다 밑에 화산이 있어도 괜찮다. 화산이 많은 바다나 호수 바닥에서는 펄펄 끓는 물이 퐁퐁 솟아난다. 이 뜨거운 물의 온도는 높은 압력 때문에 300도가 넘기도 한다. 이 물에는 다양한 암석 성분이 녹아 있는데 그 가운데 이산화규소, 곧 실리카가 압도적으로 많다. 바다 밑에서 솟아오르는 이 물은 온도로 보나 성분으로 보나 우리가 상식으로 알고 있는 끓는 물과는 차원이 다르다. 그래서 과학자들은 바다 밑에서 솟아나는 뜨거운 물을 '열수'라고 구분해서 부른다. 열수가 솟아오르는 곳을 열수 분출공이라고 하는데, 열수는 다양한 광물 성분으로 인해 검은색을 띠기 때문에 블랙 스모커(black smoker)라고도 부른다. 블랙 스모커는 현재 대서양 한

남아메리카 볼리비아 서남부에 있는 우유니 소금 호수.

가운데 해저 열곡에서도 찾아볼 수 있다. 중요한 점은 35억 년 전
지구는 거의 모든 곳이 이런 환경이라 바닷물에 실리카가 풍부했
다는 것이다.

　화산 쇄설물* 이나 모래톱이 해안가의 물을 가두면 뜨거운 태양
빛에 물이 증발하고 실리카의 농도는 점점 진해진다. 결국 실리카
는 침전물이 되어 물속에 섞여 있다가 결정을 이룬다. 시간이 흐르
면 넓은 지역에 케이크를 한 층 올린 것 같은 실리카 퇴적층이 생
기는데, 이것을 층상 처트라고 한다. 층상이란 말 그대로 층을 이

* 화산의 분화로 분출되는 화산재와 부석 등 고체 물질을 통틀어 이르는 말.

루면서 암석이 되었다는 뜻이다. 같은 과정을 반복하며 여러 겹 쌓인 처트층은 다양한 지각 변동 때문에 휘어지거나 끊기거나 기울어지거나 뒤집어져서 물 위로 모습을 드러낸다. 지질학자들은 층상 처트에 남아 있는 무수한 상처들을 보면서 아주 오래전 이 처트층에 무슨 일이 벌어졌는지를 추론한다. 흔히 돌은 아무 일도 하지 못한다고 생각하겠지만, 암석들 사이에서도 다양한 사건이 벌어지고 그 흔적은 지층에 고스란히 남는다.

처트를 이루는 실리카 결정은 아주 단단하고 다른 물질을 거의 투과시키지 않기 때문에 처트층 속에 들어간 것은 무엇이든 잘 보존된다. 그 덕에 고생대의 첫 시기인 캄브리아기보다도 이전에 살았던 미생물의 사체가 처트 속에서 오랜 세월을 견디고 오늘날 고생물학자들의 손에 들어올 수 있었다. 고생물학자들은 처트 속에 있는 아주 작은 방산충의 흔적을 분석해서 처트의 지질 연대를 추정하기도 한다. 방산충이란 바닷속을 떠다니는 일종의 플랑크톤으로 고생대 이전부터 존재했다.

처트는 염전 방식 외에도 교대 작용, 즉 실리카가 지층에 침투해서 다른 광물과 자리를 바꾸는 방식으로 생성되기도 한다. 열수는 아직 견고하게 굳지 않은 퇴적층 사이를 비집고 들어가거나 시루떡처럼 쌓인 퇴적층의 약한 부분을 찢고 틈을 벌리며 침투하기도 한다. 침투에 성공하면 열수 속의 실리카는 원래 퇴적층에 있던 크기가 비슷한 탄산칼슘 결정을 신중하게 몰아내고 그 자리를 차지

한다. 굴러들어 온 실리카 결정이 박혀 있던 탄산칼슘 결정을 밀어내는 이런 상황을 지질학 용어로 '교대'라고 하는데, 그 결과가 질서 정연한 층서 구조 사이에 엉뚱하게 들어앉은 처트 덩어리다. 층서란 지층이 시간 순서대로 배열되어 있다는 뜻이다. 가끔씩은 퇴적층 사이에 비집고 들어온 열수가 위층을 들어 올리며 송이버섯 모양의 구조물을 만들기도 한다. 아무튼 어떤 지층에서 교대 작용으로 끼어든 처트가 발견되었다면 이 엉뚱한 처트가 가장 나중에 생성된 것이다.

원래 실리카에는 색이 없다. 실리카가 질서 있게 결정 구조를 이루고 있는 것이 무색투명한 수정이다. 하지만 자연사 박물관 유리장 속에 반듯하게 앉아 있는 처트를 보노라면 의문이 들지 않을 수 없다. 처트의 색이 검은색, 회색은 물론 붉은색, 적갈색도 있으니 말이다. 처트가 이렇게 다양한 색을 띠는 이유는 실리카 침전물 속에 섞여 들어간 이런저런 불순물 때문이다. 다양한 유기 물질이나 산화철, 마그네슘 같은 미네랄 분자들이 섞이면 처트에 그들만의 색이 드러난다.

마블바 처트의 줄무늬가 붉은색인 것은 산화철이 포함되어 있기 때문이다. 쉽게 말해 녹슨 철이 들어 있다는 것이다. 우습게도 나는 마블바의 처트 덩어리를 보는 순간 육포와 장조림용 홍두깨살을 떠올렸는데, 산화철을 품고 있어 붉은 것이라는 사실을 알고 난 뒤 기막힌 우연의 일치라고 생각했다. 쇠고기가 붉은 이유, 피가 붉은 이유가 모두 철 때문이니까 말이다.

지각의 구성 성분 중 가장 큰 비중을 차지하는 실리카가 무색이라는 것은 어찌 보면 매우 다행스러운 일인지도 모른다. 만약 실리카가 붉은색이었다면 모든 암석은 붉은빛 일색이었을 테고, 검은색이었다면 이 세상은 훨씬 칙칙해졌을지도 모른다. 그렇지 않아서 다행이다.

홍두깨살을 연상시키는 처트층 서쪽에는 약간 우울해 보이는 올리브색을 띤 거대한 녹색 바위들이 널려 있다. 이 녹색 암석은 퇴적암이 아니라 화성암으로, 한때 이곳에 용암이 흘렀다는 사실을 넌지시 알려 줌과 동시에 이 지역이 지구의 역사 초기에 생겨났음을 증명한다. 화려한 줄무늬 처트 옆에 고독하게 서 있는 녹색 바위들은 처트층을 뚫고 나온 마그마가 가스를 다 뿜어내고 용암이 된 뒤 굳어서 만들어졌다. 원래는 처트층 위에 녹색 바위가 올라앉아 있었지만, 오랜 시간이 흐르는 동안 이 지대가 수직으로 끊기고 거의 직각으로 기울어진 바람에 처트층은 동쪽에, 녹색 바위는 서쪽에 드러누운 꼴이 되고 말았다. 그 덕에 우리는 처트의 아름다운 단면과 강가에 자리 잡은 녹색 바위들을 동시에 볼 수 있다. 이 화성암이 올리브색을 띠는 이유는 녹니석, 각섬석, 녹렴석 등 녹색을 띠는 광물들을 포함하고 있기 때문이다.

거대한 녹색 바위의 정식 명칭은 코마타이트. 코마타이트는 '초고철질 용암'이라는 발음하기 힘든 물질이 식어서 생긴 암석이다.

초고철질 용암 속에는 철이나 마그네슘 같은 광물이 다른 암석보다 많이 섞여 있다. 지질학자들은 실리카 함유율이 45퍼센트 이하인 용암을 초고철질 용암이라고 부른다. 실리카가 적게 들어 있으니 상대적으로 철이나 마그네슘의 농도는 높다는 뜻이다. 이렇게 철이 많이 포함된 용암이 땅 위로 솟아오르려면 마그마의 온도가 지표에 나올 때 1,600도보다 높아야 한다. 철의 녹는점이 1,500도가 넘으니 당연한 말이다. 하지만 오늘날 분출되는 용암의 온도는 아무리 높아야 1,350도에 불과하다. 그렇다면 마블바에 있는 코마타이트는 어떻게 생겨났을까?

35억 년 전 지구 내부는 지금보다 뜨거웠다. 그 원인은 지구에 있는 우라늄, 라듐 등 방사성 동위 원소* 들이다. 방사성 동위 원소는 시간이 흐르면서 뜨거운 열과 강한 빛을 내뿜으며 납과 같은 안정한 원소로 변신한다. 지구가 46억 년 전 생겨난 이후로 방사성 동위 원소들은 계속해서 엄청난 열과 빛을 내놓았고, 그 덕에 지구 내부가 식지 않아 오늘날 지표면은 우리가 살기 적당한 온도로 유지되고 있다. 하지만 시간이 흐를수록 방사성 동위 원소가 납으로 변해 줄어들면서 내놓는 열도 감소할 것이다. 이를 거꾸로 생각하면 수십억 년 전에는 지금보다 방사성 동위 원소가 많았다는 뜻이고, 그만큼 납으로 변하며 더 많은 열을 내놓았을 것이다. 연구 결

* 원자 번호는 같으나 중성자 수 차이 때문에 질량수가 다른 원소. ^{235}U, ^{238}U 또는 우라늄 235, 우라늄 238 같은 식으로 적어서 구분한다.

과에 의하면 코마타이트가 생성된 당시 마그마의 온도는 현재보다 300도 정도 높았고, 마그마 속에는 철과 마그네슘이 지금보다 훨씬 많이 녹아 있었다. 초고철질 마그마가 땅 밖으로 나오는 순간 이산화탄소, 수증기, 메탄, 유황 같은 가스는 공기 중에 날아가 버리고 철과 마그네슘을 듬뿍 품은 녹은 암석만 남았다. 그 녹은 암석이 바로 초고철질 용암이다. 그러니 마블바의 줄무늬 처트 옆에 무뚝뚝하게 서 있는 바위들은 이제는 만들어지지 않는 귀한 암석인 셈이다.

자, 지금까지 35억 년 전에 살았을지도 모르는 생물에 대해 알기 위해 반드시 필요한 지질학적 지식 몇 가지를 살펴보았다. 이 정도면 지금부터 할 이야기를 이해하는 데 어려움이 없을 것이다.

한 무리의 과학자들이 와라우나 층군의 검정 처트, 홍두깨살을 연상시키는 붉은색 처트를 가로지르며 뻗어 나간 검정 처트에서 아주 흥미로운 흔적을 찾아냈다. 길이는 0.1밀리미터가 안 되고 폭은 0.005밀리미터 정도인 끈 모양 흔적으로, S 자나 C 자 모양으로 휜 것이 자세히 보면 작은 마디로 이루어져 있다. 바로 이 흔적이 고생물학자들 사이에 논쟁을 불러일으켰다.

어떤 과학자들은 이 흔적이 열수에 녹아 있던 실리카 같은 광물이 결정화하는 과정에서 생길 수 있다고 주장했다. 검정 처트 덩어리가 바다 밑에서 솟아오르려고 애쓰던 열수에서 비롯되었음을 떠올리면 충분히 수긍할 만하다.

그런데 일부 과학자들이 박테리아처럼 보이는 끈을 둘러싼 부분에서 생물이 만들어 낸 탄소 화합물을 발견했다. 미생물로 보이는 그 흔적 자체가 생명이 없는 광물질의 결정이라 하더라도 그것을 둘러싼 물질에서 유기물이 발견되었으니 어딘가에 생물이 존

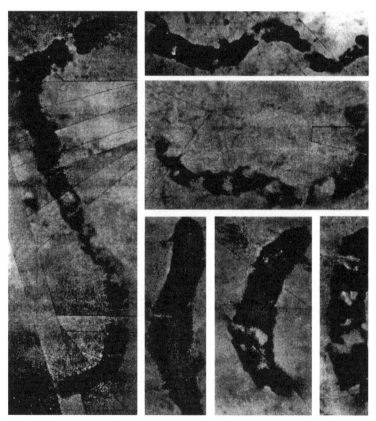

와라우나 층군에서 발견된 미화석 유사체들의 확대 사진. 실제는 눈에 보이지 않을 정도로 작다.

재하긴 했다고 할 수 있다. 생물의 존재 여부에 대해서는 아직도 논란이 이어지고 있어서 이 끈 모양 흔적에는 '시생누대* 미화석 유사체'라는 긴 이름이 따라다닌다.

35~33억 년 전에 만들어진 와라우나 층군의 처트 속에서는 생명체의 흔적으로 여길 만한 무엇인가가 자꾸 발견된다. 가장 흥미로운 점은 바다 밑에서 만들어진 퇴적층에 박테리아와 세균이 내뱉은 것으로 보이는 탄소 동위 원소와 황 동위 원소가 광범위하게 분포하고 있다는 사실이다. 마블바 풀(Pool)에서 쉽게 볼 수 있는 집채만 한 줄무늬 처트 덩어리에도 이런 유기물의 흔적이 남아 있다. 그러니 35억 년 전 이곳에는 스스로 에너지를 얻고 후손을 남기며 혹독한 환경 변화를 너끈히 견뎌 낸 생명체가 살았다는 말이다. 최초의 생명체들은 자신의 모습을 확실히 드러내진 않지만, 탐정과 줄다리기하는 범인처럼 마블바 여기저기에 증거를 남겨놓았다. 제 발로 이 삭막한 곳까지 찾아온 고생물학자들은 광활한 땅을 헤집고 다니며 아주 오래전 생명체의 실체를 찾으려고 노력한다.

---

* 지질 시대 중 하나로 약 38억 년 전부터 25억 년 전까지를 가리킨다.

2
최초의 생명체

 마블바에서 남서쪽으로 내려가는 고속 도로에는 한번 보면 잊을 수 없는 지층이 길 양쪽에 자리 잡고 있다. 우리나라의 휴게소에 해당하는 오스키 로드 하우스 북쪽에 있는 이 절개지는 운전자들에게 지질학 공부를 시키려고 만든 것은 아니다. 고속 도로 설계자와 건설업자는 길이 놓여야 하는 곳에 떡하니 버티고 선 20여 미터 높이의 언덕을 보고 1초쯤 고민했을 것이다. '어쩌지?' 그들은 이내 결심했다. 언덕을 다 없앨 필요는 없고 딱 길이 지나갈 만큼만 밀어 버리자! 그 결과 고속 도로를 통행하는 사람들은 언덕 밑에 숨어 있던, 산화철과 석영과 화산재가 시루떡처럼 켜켜이 쌓인 지층을 볼 수 있게 되었다. 탄성을 지르며 지나친 사람들은 저

만치에서 멈춘 뒤 다시 후진해 와서 차를 세우고 광자들이 날뛰는 밖으로 나와 기쁘게 사진을 찍는다. 지질학에 전혀 관심이 없더라도 말이다.

사진 배경만으로도 매우 쓸모 있는 이 지층에 아주 사소한 과학적 가치를 부여하자면, 약 30억 년 전 지구의 환경이 어땠을지 짐작할 수 있게 해 준다는 것이다. 다양한 톤의 회색 층은 화산재와 화산 쇄설물 그리고 화산 폭발 때 튀어나와 굳은 화산암들이 만든 것으로, 눈짐작만으로도 수백 층은 되어 보이는데 이는 화산 폭발이 수도 없이 많이 일어났다는 것을 뜻한다. 또 실리카가 풍부해

고속 도로 건설 과정에서 우연히 드러난 퇴적층. 수백 층이 켜켜이 쌓인 모습은 그야말로 지구의 역사 그 자체다.

흰색을 띠는 층은 이곳이 열수 분출공에서 그리 멀지 않았음을, 붉은색 층은 그 옛날 바다에 풍부했던 철이 산소와 결합해 가라앉아 만들어진 것임을 알려 준다. 이곳은 물속이었고, 사방에 화산이 있었고, 물 밑바닥에서는 열수가 솟아오르는 지역이었다.

이런 지층은 여행자에게는 좋은 사진 배경을 제공하고 생명의 기원을 찾고자 하는 고생물학자에게는 다양한 영감을 불어넣는다. 가장 처음 생명체가 생겨났을 때의 지구 환경과 거의 같은 조건이기 때문이다. 화산이 뿜어내는 메탄, 이산화탄소, 황, 수증기로 대기에는 메케한 냄새와 안개가 가득했을 테고 마그마의 열로 뜨거워진 물이 곳곳에서 솟아났을 것이다. 또 두꺼운 구름이 하늘을 뒤덮어 폭풍우와 번개가 자주 쳤다.

1950년대에 미국의 화학자이자 생물학자인 스탠리 밀러는 이와 같은 대기 환경에서 생명체가 생길 수 있을지 실험 장치를 만들어 알아보았다. 그는 밀폐된 유리관에 끓는 물과 지구 역사 초기의 대기 성분을 욱여넣고, 그 당시 자주 내리쳤을 번개를 재현하기 위해 고압 전기를 방전시켰다. 며칠 뒤에 살펴보니 구부러진 유리관 바닥에 뿌연 국물이 고여 있었는데, 생물의 구성 성분인 아미노산 분자였다. 메탄, 이산화탄소, 물 같은 초기 지구의 대기 성분인 무기물에서 유기물인 아미노산이 합성되다니 실로 놀라운 결과였다. 아미노산은 단백질의 기본 단위이기 때문이다. 물론 아미노산 자체를 생물체라고 할 수는 없다. 아미노산은 장난감 블록과 같아서

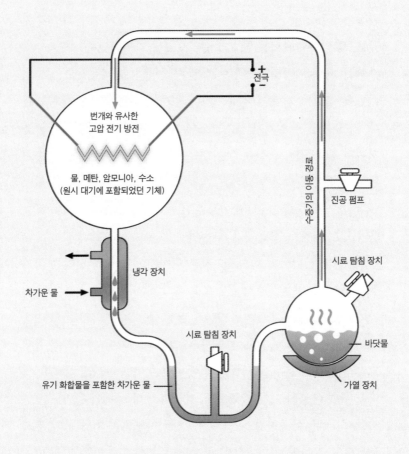

지구에서 어떻게 생명체가 생겨났는지 알아보기 위해 스탠리 밀러가 고안한 실험 장치.

이것들이 결합해 좀 더 복잡한 각종 단백질을 만든다. 그러니 실험으로 무기물에서 아미노산을 합성해 냈다는 것은 시작이 아주 좋은 셈이었다. 금방이라도 생명의 기원에 관한 답을 알아낼 수 있을 것 같았다. 그러나 문제는 그렇게 간단하지 않았다.

비교적 간단한 유기물인 아미노산을 단량체라고 하는데 오늘날 과학자들은 20여 가지 아미노산을 실험실에서 원하는 대로 만들 수 있다. 단량체가 여러 개 결합해야 비로소 복잡한 유기 분자인 중합체가 된다. 중합체의 가장 좋은 예는 DNA나 RNA 같은 유전자다. 생명체라고 불리려면 스스로 에너지를 만들고 자기와 같은 개체를 복제할 수 있어야 하는데, 이와 같은 일을 하려면 유전자를 꼭 가지고 있어야 한다. 그러나 과학자들이 아미노산을 커다란 병에 넣고 죄다 섞은 뒤 아무리 열심히 흔들어도 거기에서 DNA나 RNA 같은 중합체가 튀어나오지는 않았다. 왜 안 나왔을까? 병 안에 단량체를 이어 붙일 조건이 갖추어지지 않았기 때문이다.

어떻게 해서든 중합체를 만들고 싶었던 과학자들은 고심 끝에 아미노산을 농축시킨 뒤 뜨겁게 데우고 '탈수'시켰다. 그랬더니 놀랍게도 200개가 넘는 아미노산들이 서로 연결되어 긴 사슬을 이루었다. 지금 말한 탈수란 분자들 사이에 끼어 있는 물 분자의 결합을 끊고 털어 내는 과정을 가리킨다. 이처럼 간혹 이공계에서는 어떤 단어가 일반적인 의미와 다르게 쓰이기도 한다. 어쨌든 지금까지 알아낸 중합 조건의 핵심은 '농축'과 '열'이다.

바로 이런 조건 때문에 어떤 과학자들은 태곳적 바다 밑이나 물가에 흔했으리라 예상되는 열수 분출공에서 가장 처음 생명체가 생겨났을 것이라고 추측한다. 현재 대서양 바닥에 있는 열수 분출공에서는 생명체를 구성하는 필수 원소인 탄소, 수소, 산소, 질소, 황, 인 등이 풍부한 검은 열수가 솟아나고 있고 그 주변에는 이 원소들이 결합하여 생긴 아미노산도 있다. 열수의 온도가 300도가 넘으니 중합 조건 가운데 '열'을 충분히 만족시킨다.

그러나 300도를 넘어 400도에 이르는 뜨거운 물은 오히려 중합을 방해한다며 앞선 추측에 반대하는 과학자들도 있다. 그들의 주장에 따르면 최초의 생명체는 열수 분출공이 아니라 해변이나 화산 주변의 웅덩이에서 등장했다. 지구 역사의 초기에 단량체는 바다와 대기에서 꾸준히 생겨 바닷물에 녹아들었다. 그때는 지구 내부에서 발생하는 방사성 열이 지금보다 많아 땅과 바다의 온도가 더 높았기 때문에 바다는 말 그대로 '따뜻한 묽은 국' 같았다. 햇빛이 사정없이 내리쬐는 바닷가나 화산 근처의 웅덩이에 고인 묽은 국은 시간이 지날수록 물이 증발해 졸인 국물이 되었다. 이렇게 농축된 상태에서 적당한 열과 자극을 받으면 중합체가 만들어질 것이고, 웅덩이에 고여 있던 중합체들은 어느 날 태풍이나 홍수에 휘말려 다시 바다로 돌아갔을 수도 있다. 일부 과학자들은 이런 과정으로 생겨난 생명체가 열수 분출공 같은 극한 환경에 적응한 것이라고 주장한다.

단량체인 아미노산이 중합체가 된 과정과 중합체가 진정한 생명체의 모습을 갖춘 과정에 대해서는 아직도 논란이 많다. 과학자들은 그 과정을 밝히기 위해 조건이 잘 통제된 객관적인 실험을 설계하고 결과를 면밀하게 분석하느라 오늘도 밤잠을 줄이고 있다. 과학자들이 어떤 흥미진진한 이야기를 들고 올지 기다려 보자.

3

막

한낮의 붉은 사막은 찌는 듯이 덥다. 하지만 금속으로 둘러싸이고 바퀴가 달린 상자 안에 있으면 견딜 만하다. 바깥 기온이 40도가 넘어도 상자 안에는 인간이 견디기 딱 좋을 만큼 공기를 식혀 주는 에어컨이 있다. 바깥에서 부는 바람에는 아주 자디잔 붉은 흙이 섞여 있지만 미세한 구멍이 뚫린 여과지를 통과한 뒤 금속 상자 안으로 들어오는 공기에는 흙먼지가 거의 없어 참을 만하다. 살인적인 더위와 태양에서 쏘아 보낸 광자들로부터 우리를 지켜 주는 금속 상자가 그저 고마울 따름이다. 살아 있는 생물에게는 외부 세계의 변덕스러운 환경으로부터 자신을 격리해 줄 방패가 필요하다. 최초의 생명체에게도 이와 같은 방패가 필요했을 것이다. 최초의 생명체에게 그 방패는 바로 '막'이었다.

막의 형성, 생명의 역사에서 가장 중요한 단어 하나를 고르라면 그것은 바로 '막'이다. 막으로 둘러싸여 외부와 격리된 방이 생기는 것, 이것이야말로 생명으로 가는 첫 관문이다. 처음 생겨난 막은 매우 얇고 원시적이었다. 요즘 세포막처럼 튼튼한 이중 막도 아니었고, 능동 수송처럼 필요한

사람이 사막 여행에서 버티기 위해 차량이 필요하듯, 초창기 생명체도 자신을 지키기 위해 막을 만들었다.

물질은 끌어 들이고 필요 없는 물질은 배출하는 고급 기능도 없었다. 하지만 이 얇은 막으로 감싸인 방의 내부는 외부 환경이 변하더라도 어느 정도 안정한 상태를 유지할 수 있었다.

외부로부터 자신을 격리하는 것, 그리하여 내부가 외부와 전혀 다른 성격의 무언가가 되는 것, 또 외부 환경의 변화에 흔들리지 않고 자신을 지키는 것, 이것들은 모든 생명체의 기본 속성이다. 이와 같은 속성은 물질을 넘어 정신적인 영역에도 영향을 끼친다. 내 정체성을 알아 가는 것, 혼란한 환경 속에서도 나를 잃지 않고

버티는 것, 나아가 자신을 탐구하고자 하는 호기심을 품는 것은 어쩌면 최초의 생명체가 등장했을 때부터 원초적으로 내재해 있던 것이 아닐까.

막의 출현이 생물이 생겨나는 과정에서 첫 단추인 것은 분명하다. 그렇다고 생물이 갑자기 나타난 것은 아니다. 생물과 무생물을 구분 짓는 가장 간단하면서도 분명한 지표는 신진대사와 복제 능력이다. 신진대사란 스스로 에너지를 만드는 과정이고, 복제란 자신을 닮은 자손을 남기는 것이다.

하지만 우리가 생물이라고 알고 있는 박테리아와 바이러스 같은 미생물도 진짜 생명체인지 고개를 갸웃거리게 하는 경우가 있다. 박테리아는 조건이 맞지 않을 때는 마치 죽은 듯이 아무런 반응도 하지 않다가 적절한 환경이 조성되면 다시 살아난다. 더욱

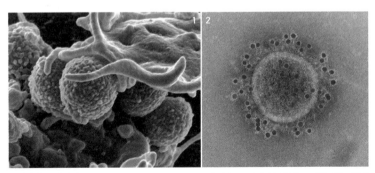

박테리아와 바이러스. 1 인체 세포(회색)와 결합한 박테리아 황색 포도상 구균(초록색). 2 중동 호흡기 증후군의 원인인 메르스코로나바이러스.

흥미로운 것은 바이러스다. 바이러스는 RNA만 가진 아주 간단한 세포로 평소에는 신진대사나 복제를 하지 않지만, 숙주 세포에 들어가면 비로소 신진대사와 복제를 한다. 그렇다면 바이러스는 숙주 세포에 기생할 때만 생물이고 그렇지 않을 때는 생물이 아닌 것일까?

물론 박테리아와 바이러스에는 세포막이 있으며, 핵은 따로 없지만 복제할 유전자는 있다. 또 유전자를 복제할 때 필요한 단백질 효소와 단백질 효소를 만들라고 명령하는 유전자도 있다. 그럼에도 이들은 어떤 때는 살아 있는 것 같다가도 어떤 때는 사는 것을 포기한 듯이 보인다. 이와 같은 사실로 미루어 보면 생물은 운 좋게 한 번에 생겨난 것이 아니다. 무생물이 생물로 변하는 중간에 무수히 많은 단계가 필요했으며 그 단계마다 이런저런 시행착오를 겪었음이 분명하다. 그 결과 진정 살아 있는 생명체의 형태를 이루게 되었다.

우리가 아는 한 지구 상에 처음 나타난 생물은 고세균과 세균이다. 오늘날 지구 생물권은 고세균계, 세균계, 균계, 원생생물계, 식물계, 동물계, 이렇게 6계로 구분할 수 있는데, 이 중 25억 년 이전에 형성된 퇴적층에서 발견된 생물은 고세균과 세균밖에 없다. 세균은 박테리아라고 하면 더 친근할 것이다. 하지만 눈에 보이지 않으므로 박테리아에 대해 이야기할 때는 각자 상상력을 동원해야 한다. 눈에 보이지 않기는 고세균 역시 마찬가지로, 세균과 닮은 것 같아도 유전적인 관점과 생화학적인 관점에서 보면 아주 다르다. 특히 고세균은 400도에 이르는 뜨거운 물이나 강한 산성 환경 또는 염분이 굉장히 높은 곳에서도 살 수 있다. 고세균은 산소가 매우 희박하거나 빛이 거의 들지 않는 곳에서 서식하는데 이런 곳에서 생존하려면 보통 세균과는 대사 과정이 전혀 달라야 한다.

현재 고세균은 대서양 밑바닥의 열수 분출공 주변과 미국 옐로스톤 공원의 산성 호수, 그리고 지구 상 곳곳의 소금 호수에서 버젓이 살고 있다. 세균과 고세균은 세포 하나로 이루어진 단세포 생물이다. 자신의 정체성을 담은 유전자는 지니고 있되 이 유전자를 보호하는 핵막이 없으며, 젤리 같은 세포질과 유전자, 그리고 복제에 관여하는 리보솜 정도만 있는 아주 간단한 생물이다.

이와 같은 세포를 원핵 세포라고 한다. 생물 6계 가운데 세균과 고세균만 원핵 세포이고 나머지는 진핵 세포로 이루어져 있다. 진핵 세포는 유전자가 핵막으로 둘러싸여 세포 내에서 핵이 뚜렷이 구분되며 미토콘드리아, 엽록체, 골지체 같은 부속 기관을 갖추고 있다.

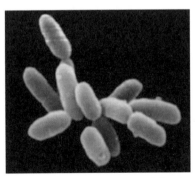
염분 농도가 높은 곳에서 서식하는 호염성 고세균.

고세균과 세균이 어떤 과정을 거쳐 지구 상에 나

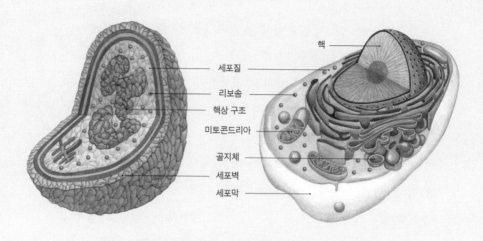

원핵 세포(왼쪽)와 진핵 세포(오른쪽)의 구조를 간략하게 묘사한 그림.

타났는지 아는 사람은 아직 아무도 없다. 생명체가 처음 등장한 시기도 명확하지 않다. 다만 그린란드의 이수아 지역에서 발견된 38억 년 전 암석에서 생물이 살았던 '화학적 증거'를 얻긴 했다. 화학적 증거라니, 이 무슨 황당한 소리일까? 이 증거를 이해하려면 탄소가 중성자 수에 따라 여러 동위 원소로 구분된다는 점을 알아야 한다. 탄소 12는 탄소 13보다 중성자가 하나 적은데, 생물체가 호흡을 하려고 대기에서 흡수하는 탄소는 주로 탄소 12다. 탄소 12는 중성자가 적은 만큼 몸이 가벼워 반응성이 더 좋기 때문이다. 따라서 생명체에는 탄소 12의 함량이 탄소 13보다 조금 더 많다. 그 때문에 생명체가 죽어서 포함된 퇴적암에는 그렇지 않은 퇴적암보다 탄소 12가 많을 수밖에 없다. 이수아 층에서 발견된 퇴적암에는 다른 곳보다 탄소 12가 좀 더 많이 함유되어 있었다. 그러나 그 퇴적암을 아무리 살펴도 미생물의 화석 등 다른 흔적이 나오지는 않았다. 그래서 과학자들이 '생물이 살았던 화학적 증거'라는 긴 설명을 붙인 것이다.

정체불명의 생명체는 살아가기 위해 에너지를 구해야 했는데, 38억 년 전에는 지구 대기와 바다에 산소가 거의 없었기에 산소 없이도 에너지를 생산할 수 있는 방법을 고안해야만 했다. 다행히 밀러의 실험에서 보았듯이 지구 대기에 풍부했던 무기물이 밤낮으로 치는 번개 덕분에 다양한 유기물 분자로 변신해 여기저기에 쌓여 있었다. 처음에 생물들은 주변에 널려 있던 ATP(아데노신삼인산, adenosine triphosphate)를 먹이 삼아 그것을 분해했을 때 생기는 에너지로 살아갔을 것이다.

ATP는 지구 생명체가 화학 에너지를 얻기에 가장 적합한 고에너지 분자다. ATP는 세포 내 모든 활동에 관여하며, ATP가 내놓는 에너지가 없다면 생물은 그 무엇도 할 수 없다. 지구 상에 살고 있는 모든 생물에게 필요한 이 고에너지 분자는 인간 세상의 돈과 같다. 그렇다면 세포는 어떻게 '돈'을 벌까? 참고로 인체를 구성하는 진핵 세포는 미토콘드리아에서 음식물을 분해해 얻은 연료 분자와 산소를 써서 ATP를 합성한다. 하지만 초기 생물들은 요즘처럼 스스로 ATP를 합성하지 못하는 종속 영양 생물이었다. 이들은 지구가 만들어 놓은 ATP를 두고 먹이 경쟁을 벌였다.

생존 경쟁이 치열해지면서 어떤 생물은 남들이 먹지 않는 먹잇감을 찾아야 했을 것이다. 이 생물들은 주변에 수두룩하던 당을 분해해서 이산화탄소, 알코올, 에너지를 얻었다. 이 과정에는 산소가 필요 없다. 산소가 풍부한 현재에도 많은 원핵생물이 에너지를 얻기 위해 이 방법을 사용하는데, 바로 발효다. 술을 빚는 과정, 빵 반죽을 부풀리는 과정 등에 모두 발효가 이용된다. 이때 주조사와 제빵사들은 세균이 발효에 집중할 수 있도록 곡식으로 지은 밥이나 물에 갠 밀가루를 제공하고, 균이 얼어 죽지 않게끔 온도도 따뜻하게 맞추어 준다. 오늘날의 발효균 역시 누군가가 미리 만들어 놓은 유기 분자가 있어야만 살아갈 수 있는 종속 영양 생물이다.

발효를 주업으로 삼은 원핵생물은 한동안 태평성대를 누렸다. 하지만 원핵생물의 수가 기하급수적으로 늘자 또다시 먹이 경쟁이 치열해졌고, 살아남으려면 무언가 다른 방법을 찾아야만 했다. 그러다 스스로 유기 분자를 합성할 수 있는 생물이 나타났다. 새로운 생물은 번개와 지열이 ATP를 만들어 주기를 기다리기보다 직접 유기 분자를 만드는 법을 터득했다. 무기물 재료는 많았다. 화산 폭발로 날마다 쏟아져 나오는 이산화탄소, 지표면의 90퍼센트를 뒤덮은 물, 그리고 아침이면 어김없이 떠오르는 태양 빛은 아무도 먹지 않았고 아무도 사용하지 않았다. 생존을 위해 발버둥 치던 생물은 이 재료들을 사용하여 스스로 유기물을 만들고 그로부터 에너지를 얻었다. 그리고 남는 영양분을 따로 챙기기도 했으며 쓸모없는 찌꺼기는 버렸다. 바로 '광합성' 기술을 발명하고 익힌 것이다. 생물이 직접 에너지 대사에 쓸 유기물을 만들어 내는 광합성은 독립 영양 과정으로, 막을 만든 것 이후 생물의 역사에 일어난 가장 대단한 일이라는 데 이견을 달 사람은 없을 것이다.

이산화탄소와 물과 햇빛만 있으면 이 훌륭한 엔지니어들은 살아가고 번식하는 데 필요한 에너지를 생산해 낸다. 참, 중요한 것을 말하지 않았다. 광합성을 하는 생물이 버린 찌꺼기란 바로 산소다. 지금 이 순간 우리가 들이마시고 있는 산소는 모두 이 고대의 생물들이 버린 것이며, 믿거나 말거나 우리가 우주와 지구 생명에 대해 논할 수 있는 것도 고대 생물이 버린 쓰레기 덕분인 셈이다.

광합성을 하는 원핵생물이 언제 처음 나타났는지는 아직 명확히 밝혀지지 않았다. 다만 이쯤에서 우리는 '살아 있는 돌'이라 불리는 스트로마톨라이트에 대해 떠올려야 한다. 스트로마톨라이트는 사실 생명체가 아니라 광합성을 하는 시아노박테리아가 만들어 낸 건축물이다.

가장 오래된 스트로마톨라이트 화석은 아프리카의 30억 년 된 지층에서 발견되었다. 우리는 38~35억 년 전 사이에 무슨 일이 있었는지 알 도리가 없다. 주변에 널린 유기물을 주워 먹던 미생물이 어떻게 광합성을 하게 되었는지는 모른다. 그러나 그런 일이 분명히 일어났다. 마블바의 붉은 처트와 카리지니 국립 공원의 자줏빛

도는 붉은 퇴적층과 호주 사람들이 신나게 퍼 나르는 붉은 산화철이 그 증거다. 이제 시생누대와 원생누대˚의 바다 밑을 붉게 물들인 시아노박테리아를 만나러 가 보자. 최초의 고생물을 만나기 위해 방문했던 마블바에서 한 2,000킬로미터만 달리면 된다. 멀지 않다.

● 지질 시대 중 하나로 약 25억 년 전부터 5억 4200만 년 전까지를 가리킨다. 그보다 앞선 시생누대와 명왕누대를 포함하여 선캄브리아대라고 한다.

4
살아 있는 돌

나는 몹시 놀랐다. 그곳은 사진과 똑같았다. 수많은 이미지 보정 프로그램 탓에 사진으로만 보던 광경을 실제로 대할 때면 10~20퍼센트 정도 실망할 각오를 한다. 그 실물이 사람일 경우 50퍼센트까지 기대치를 낮춘다. 그런데 그곳은 더도 덜도 아니고 '딱' 사진과 똑같았다. 하긴 35억 년 동안 한결같이 자기네만의 삶의 방식을 지키며 살아온 생명체들이니 어떤 보정에도 본모습이 무너지지 않는 내공을 갖추고 있으리라. 더욱 놀라웠던 것은 그곳이 엄청나게 평온하고 행복감으로 가득 차 있었다는 점이다. 이런 느낌이 얼마나 이상한 것인지 잘 모르는 사람을 위해 거추장스러운 설명을 해 볼까 한다.

여기는 서호주 샤크 만에 있는 해멀린 풀(Hamelin Pool), 나는 지금 얕은 바다에 반쯤 잠긴 검은 돌들을 바라보고 있다. 이 검은 돌이 바로 스트로마톨라이트! 사람들이 흔히 '살아 있는 돌'이라 부르는 것이다. 그러나 스트로마톨라이트 그 자체가 살아 있는 생물은 아니다. 이 돌은 어떤 박테리아가 오랜 시간 공들여 살아온 흔적이다.

스트로마톨라이트 공화국의 개척자는 광합성을 하는 시아노박테리아들이다. 이 작은 생물들은 해가 떠 있는 동안 아주 치열하게 산다. 주변에 풍부한 물과 이산화탄소를 재료로 삼고, 얕은 바다를 비집고 들어온 햇빛을 연료로 삼아, 시아노박테리아는 당을 만들어 내고 찌꺼기로 산소를 배출한다.

광합성을 에너지의 흐름대로 따라가 보자. 엽록소라는 색소가 햇빛을 긁어모아 그 에너지를 전자에게 던져 주면 전자는 분주하게 날아다니며 이산화탄소를 꼬드겨 포도당을 만든다. 정리하면 빛 에너지가 전기 에너지를 거쳐 화학 에너지로 생물체에 저장되며, 그 부산물로 산소가 뽀록뽀록 튀어나오고 사소한 점액이 좀 만들어진다. 이 과정에서 엽록소는 초록색 빛을 흡수하지 않고 버린다. 당연한 말이지만, 그래서 식물이 싱그러운 초록색으로 보이는 것이다. 또다시 당연하지만, 그래서 광합성을 하는 기관의 이름이 초록 록(綠) 자를 써서 엽록소(葉綠素)가 되었다. 겉보기만으로 이름을 지었는데 정작 초록색은 쓰지 않는다니, 역시 무엇이든 겉만

호주 헤밀린 풀에 있는 스트로마톨라이트. 물속에 잠겨 있는 부분에는 아직도 부지런히 광합성을 하는 시아노박테리아가 살아 있다.

보고 판단해서는 안 된다.

가만히 생각해 보면 엽록소가 초록색 빛을 쓰지 않는 것은 참 이상한 일이다. 빨간색에서 보라색에 이르는 가시광선의 파장대 중 한가운데 있는 것이 초록색이다. 그런데 왜 하필 그 부분만 쏙 빼놓고 다른 파장의 빛들을 흡수하는 것일까? 엽록소가 왜 초록색을 쓰지 않는지에 대해서는 여러 가지 가설이 있다. 그 가운데 가장 최근에 등장한 이야기를 살펴보자.

아주 오래전, 초록색을 흡수해서 광합성을 하는 원핵생물이 있었다. 초록색을 흡수했으니 이들은 빨간색이나 보라색으로 보였을지도 모른다. 이 생물은 해수면 가까이에 넓게 퍼져서 태양 빛을 독점하고 살았다. 우리의 엽록소는 그들보다 깊은 물속에 살았는데, 햇빛 중 초록색은 해수면의 생물들이 흡수했으므로 초록색을 제외한 나머지 빛을 알뜰히 긁어모으는 수밖에 없었다. 이와 같은 상황은 그 나름대로 질서가 잡혀서 어찌어찌 잘 유지되었을 것이다. 그러다 엄청나게 거대한 화산 폭발 또는 어마어마하게 큰 혜성이나 소행성의 충돌 등 지구가 자주 겪는 자연재해로 인해 해수면을 점령했던 초록색을 먹는 생물이 전부 죽고 말았다. 엽록소 입장에서 보자면 이들이 재앙으로부터 방패가 되어 준 셈이다. 초록색을 먹는 생물이 사라진 뒤에도 엽록소는 늘 하던 대로 초록색을 제외한 다른 색들을 먹으며 오늘날까지 살고 있다. 그리하여 지구의 숲과 대지는 초록색으로 뒤덮이게 되었다는 이야기다.

광합성을 하는 색소 중 왜 엽록소가 득세하게 되었는지는 아직도 의문이다. 게다가 왜 모든 빛을 흡수하는 검정 색소는 번성하지 못했을까 하는 궁금증도 든다. 하지만 잎이 검은색이면 땡볕에 타 버리지 않을까 걱정되고, 무엇보다 온 대지가 검정 잎으로 덮여 있으면 그다지 기분이 좋을 것 같지는 않으니, '엽흑소'가 득세하지 않아 무척 다행이라는 생각이 든다.

식물은 여러 가지 조건이 잘 맞는다면 긁어모은 빛 에너지를 대부분 이용한다. 연비가 좋다는 디젤 엔진이 소비하는 경유 중 10~20퍼센트만 바퀴를 굴리는 데 쓴다는 점을 생각하면 생체가 에너지를 전환해서 저장하는 비율은 경이롭기까지 하다.

이렇게 훌륭한 시아노박테리아는 분열하는 능력도 놀랍다. 이들은 20분이 지나면 분열해서 2배로 증식한다. 1시간이면 박테리아가 3번 분열해서 개체 수는 8배가 되고 계속해서 2의 제곱에 비례하며 늘어난다. 이들은 기다란 진주 목걸이 같은 형상을 하고 물결 따라 흔들거린다. 초록 진주 목걸이는 자꾸자꾸 길어진다. 하지만 한없이 길어지지는 않는다. 해가 수평선 아래로 넘어가고 엽록소가 흡수할 햇빛이 사라지면 하늘거리던 시아노박테리아 목걸이는 풀썩 내려앉는다. 온갖 바닷속 먼지가 묻어 무거워진 몸을 바위 위에 내려놓는다. 해가 지면 박테리아들은 어김없이 휴식 시간을 맞는다. 쉴 생각을 못 하고 일중독에 빠진 사람들, 아무것도 안 하지만 진정한 휴식을 취하지 못하는 사람들은 박테리아에게서 배울 점이 있을 듯하다. 밤 동안 활동을 멈추었던 박테리아들은 다음 날 해가 뜨면 또다시 부지런히 광합성을 하며 20분에 한 번씩 분열해서 새로운 초록 진주 목걸이를 만든다.

해멀린 풀에 있는 시아노박테리아 역시 밤이 되면 쉰다. 그런데 아주 오래전에 살았던 시아노박테리아들은 쉬는 간격이 좀 더 짧았다. 다시 말해 하루가 24시간보다 짧았다는 뜻이다. 과학자들은 지구 곳곳에 흩어져 있는 스트로마톨라이트의 화석을 얇게 잘라 나이테가 드러나게 한 뒤 한 층 한 층을 매우 꼼꼼하게 연구했다. 시아노박테리아는 낮에만 활동하기 때문에 스트로마톨라이트의 나이테 한 줄은 곧 하루를 뜻한다.

이 박테리아들은 태양 빛을 최대한 많이 받아들이기 위해 햇빛

스트로마톨라이트의 단면. 내부의 나이테는 확대하면 더 가느다란 줄들로 이루어져 있고, 그 가느다란 줄 하나하나가 하루를 뜻한다.

과 직각이 되도록 알아서 정렬한다. 그 결과 오랜 시간이 지나고 보면 스트로마톨라이트는 하지와 동지 무렵에 만들어진 부분의 기울기가 다르게 된다. 해의 고도에 따라 박테리아가 정렬하는 각도가 바뀌었기 때문이다. 1년 동안 해의 고도가 사인 곡선을 이루듯이 스트로마톨라이트의 중심축도 사인 곡선을 따라 기울기가 변한다.

과학자들은 이를 토대로 1년을 측정한 뒤 그 안에 포함되어 있는 나이테의 수를 세어서 1년이 며칠이었는지 알아냈다. 놀랍게도 8억 5천만 년 전에는 1년이 435일로 하루는 20.1시간에 불과했다. 과학자들은 3억 7천만 년 전에 살았던 산호의 화석에 남은 나이테를 세 보기도 했다. 그랬더니 1년은 400일이었고 하루는 21.9시간이었다. 그리고 비교적 최근인 7천 5백 년 전의 조개 화석을 면밀히 분석해서 1년이 371일이었음을 알아냈다. 1년을 이루는 날수가 줄어든 만큼 하루는 길어졌을 테고, 이는 지구의 자전 속도가 느려졌다는 것을 의미한다. 이 일은 지금도 진행 중이다.

지구의 자전 속도가 느려지는 것은 달과 태양 때문인데, 둘 중 달의 영향이 압도적으로 크다. 크기나 질량은 태양이 월등하지만 너무 멀리 떨어진 탓에 태양의 눈곱만큼도 안 되는 달보다 훨씬 영향력이 적다. 그렇다면 달은 어떻게 지구의 자전 속도를 늦출까? 달이 지구의 바닷물을 끌어당기면서 바다 밑바닥에는 물과 땅 사이에 마찰력이 발생하는데, 바로 이 힘 때문에 지구의 자전이 느려진다. 달은 지구를 힘들게 하는 만큼 지구의 손아귀에서 벗어날 수 있다. 달은 태어나는 순간부터 독립을 마음먹은 듯 꾸준히 조석력을 이용해 지구의 자전을 힘겹게 만들고, 그 대가로 1년에 4센티미터씩 지구로부터 멀어지고 있다.

그렇다면 지구가 처음 태어났을 때 1년은 며칠이었을까? 모눈종이를 꺼내 앞서 제시한 숫자들로 그래프를 그려 추정해 보면 1년은 700일가량이었음을 알 수 있다. 내친김에 지구가 자전을 멈추어 1년과 하루의 길이가 같아질 날도 계산해 보자. 물론 지구의 자전 속도가 앞으로도 지금과 같은 비율로 느려진다는 가정하에 말이다. 귀찮은 사람은 계산하지 않아도 된다. 호기심 충만한 과학자들이 이미 계산을 끝냈다. 그들의 계산에 의하면 4,384,794,990년 뒤에는 1년과 하루가 같아져 지구의 반쪽은 태양만 바라보고, 나머지 반쪽은 깜깜한 우주만을 보게 된다고 한다. 오늘날 달이 지구에게 한쪽 면만 보여 주듯이 말이다.

지구의 자전 속도가 느려진다는 데는 천문학자들도 동의한다. 오래된 화석 덩어리를 자르고 갈아서 현미경으로 들여다보는 고생물학자들과 달리, 천문학자들은 지난 200년 동안 거대한 망원경으로 우주를 관측하며 지구의 자전 속도가 1년에 10만 분의 1씩 느려지고 있다는 것을 확인했다.

스트로마톨라이트 군락지에서 볼 수 있는 또 하나 흥미로운 미생물은 헤테로트로픽 박테리아다. 이들이 내세우는 재주는 끈끈한 부산물과 질척하고 미끄덩한 덩어리를 만드는 것이다. 이 박테리아들을 자세히 보려면 해멀린 풀에서 좀 더 북쪽, 사유지 안에 있는 카블라 포인트(Carbla Point)로 가야 한다. 땅 주인의 안내를 받아야 가까이 갈 수 있는 카블라 포인트의 해변에는 새끼손톱보다 작은 하얀 조개껍데기들이 깊이를 잴 수 없을 정도로 쌓여 있어서 발을 디디면 푹푹 꺼진다. 게다가 맨발로 다니면 뾰족한 조개껍데기들이 발바닥을 사정없이 찔러 대는 바람에 이루 말할 수 없이 괴롭다. 눈부신 조개껍데기 해변을 가로질러 잔잔한 파도가 치는 물가에 이르면 적당히 푹신하고 부드러운 연회색 매트가 나타난다. 이 푹신한 매트는 헤테로트로픽 박테리아들과 그들이 만들어 낸 물질들이 뒤엉킨 살아 있는 매트다. 그러니 혹시라도 미리 방문 허가를 받은 과학자와 함께 카블라 포인트에 가게 된다면 박테리아들이 압사당하지 않도록 회색 매트는 밟지 않는 것이 좋다. 카블라 포인트의 주인이 지켜보지 않더라도 말이다.

매트가 깔려 있지 않은 부분을 조심조심 골라 밟으며 바다로 들어가면, 고생물에 관심이 있는 모두가 보고 싶어 하는 '살아 있는' 스트로마톨라이트를 만날 수 있다. 물 위로 드러난 부분은 거칠고 검은색인데, 여기에는 시아노박테리아가 살고 있지 않다. 시아노박테리아들은 물속에 잠긴 스트로마톨라이트의 표면에 딱 붙어 있으며, 초록색 해초로 위장하고 있기 때문에 아는 사람만 박테리아의 존재를 눈치챌 수 있다. 물론 박테리아는 너무나 작아서 두 눈을 아무리 크게 떠도 직접 볼 수는 없다.

스노클링 장비를 쓰고 물속에 들어가 해초들이 붙은 바위를 가만히 들여다보면 작은 기포가 눈에 띈다. 그 옆에도 기포가 있다. 시간이 흐르면 이 기포는 점점 커져서 물 위로 떠오를 것이다. 이 기포야말로 '순수 산소'다. 우리는 시아노박테리아의 존재를 순수 산소 방울이라는 간접적인 증거로 알아본 셈이다.

그 산소 방울을 보면서 나는 잠시 착한 사람 눈에만 보인다는 임금님의 옷 이야기를 떠올렸다. 마음이 순수한 사람에게는 박테리아가 보인다고 대원들에게 농담할까 했지만, '보일 리가 없잖아.'라고 스스로 검열을 마친 뒤 피식 웃었다.

이 작은 기포들을 보고 있으면 미생물의 끈기가 얼마나 놀라운지를 느낄 수 있다. 이렇게 작은 산소 방울이 얼마나 모여야 지구의 대기 20퍼센트를 채우게 될까? 그렇다. 우리가 숨 쉬고 있는 산소는 지구가 태어날 때부터 존재했던 것이 아니다. 25억 년 전, 시생누대 말까지도 지구 대기 중 산소는 지금의 1퍼센트에 지나지 않았다. 오늘날 지구 대기를 채우고 있는 산소는 시아노박테리아가 20억 년 동안 꾸준히 만들어 낸 것이다. 물론 박테리아는 우리 좋으라고 산소를 만든 것이 아니라 필요 없어서 버린 것이지만.

시생누대 말과 원생누대 초기 바다는 열수 분출공을 통해 암석에서 녹아 나온 갖가지 물질로 매우 혼탁한 상태였다. 철분은 물론 황과 인 같은 원소가 너무 많이 녹아 있었고, 메탄 같은 분자도 섞여서 매우 독한 냄새를 풍겼다. 말이 바다지 그 자체가 독물이라고 해도 지나치지 않았다. 그중에서도 반응성이 좋은 철은 황과 결합하여 황화철이 되었다. 만약 그 시기 바닷속에 황과 산소가 동시에 존재했다면 철은 산소에게 달려가 산화철이 되었을 것이다. 황은 아무리 매력적이어도 산소와의 경쟁에서 철을 차지할 수 없기 때문이다. 이런 이유로 황화철은 산소가 없었던 시생누대 말기 환경을 대표하는 물질이 되었다. 과학자들이 시생누대 말 지구의 대기에 산소가 거의 없었다고 추정하는 이유도 이 시대의 지층에 황화철이 다량 포함되어 있기 때문이다.

시아노박테리아가 한창 활동해서 산소를 만들던 23억 년 전쯤에도 아주 깊은 바닷속에는 산소가 없었다. 박테리아들은 햇빛이 필요했기 때문에 해수면 가까이에 있었는데, 그곳에서 생성된 산소가 깊은 바닷속까지 들어가기는 어려웠다. 그러나 열수 분출공에서 솟아난 철분과 실리카가 풍부한 물은 뜨거운 덕에 자연스럽게 해수면과 가까운 대륙붕으로 기어오를 수 있었다. 대륙붕 주위에는 하릴없이 물속을 떠다니거나 스트로마톨라이트에 둥지를 튼 시아노박테리아가 버린 산소가 있었다. 늘 함께할 상대를 찾는 철은 단숨에 산소와 결합해 산화철이 되었고 바닥으로 가라앉았다. 산화철이 생겨나자 바다는 붉게 물들었고 온 천지에 녹내가 진동했다. 박테리아가 뱉어 낸 산소가 바닷속 철을 다 수장시키는 데 수억 년이 걸렸다.

바다 밑바닥에 산화철만 퇴적된 것은 아니다. 앞서 설명했듯 열수에 풍부하게 녹아 있던 실리카가 농축되어 처트층이 만들어졌다. 이렇게 바다 밑에는 산화철 퇴적층과 처트층이 교대로 쌓이고 눌린 뒤 굳어서 누구도 모방할 수 없는 호상 철광층이라는 거대한 작품이 만들어졌다. 전 세계 대부분의 철광산은 이와 비슷한 과정으로 생성됐다. 마블바의 호상 철광층은 35억 년 전에 만들어졌지만, 지구 상에 있는 호상 철광층 중 90퍼센트는 25~20억 년 전 바다 밑에서 생겨났다.

수억 년에 걸쳐 바닷속 철이 모두 가라앉자 산소는 그제야 대기로 나올 수 있었다. 첫 산소 방울이 어려웠을 뿐 그다음부터는 마구 솟아 나왔다. 믿기지 않겠지만 우리가 지금 들이마시는 산소는 시아노박테리아들이 쓸모없어서 버린 찌꺼기이고 질소 8할, 산소

2할이라는 지구 대기의 성분은 미생물에 의해 조성되었다. 20억여 년 동안 바다 밑에 쌓이고 눌려 있던 호상 철광층은 지각 변동 때문에 물 위로 솟아올라 공기를 만나게 되었다. 호상 철광층이 마주한 가장 호전적인 상대는 인간이다. 지구인들은 과거에 벌어졌던 놀라운 일에는 아무런 관심이 없었고, 그저 이 붉고 검은 광석이 가져다줄 이득에만 눈이 어두워 지금 이 순간에도 철을 마구 캐서 써 대고 있다.

35억 년 전부터 15억 년 전까지 거의 20억 년 동안, 지구에는 끊임없이 광합성을 하며 자기 몸을 불리고 둘로 나누고 또 나누며 아주 단순한 삶을 사는 미생물들이 가득했다. 그동안 지구의 얕은 바다에는 스트로마톨라이트가 끊임없이 펼쳐져 있었다. 또 광합

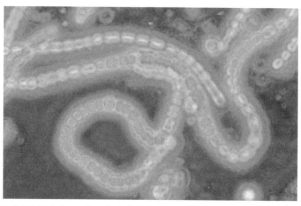

시아노박테리아를 현미경으로 확대한 사진. 수십 마이크로미터에 불과한 작은 생명체가 대기에 산소를 채워 주었다.

성을 하는 박테리아들이 바다 표면을 뒤덮고 있었다. 그들은 대부분 사라졌지만 해멀린 풀과 카블라 포인트에 직계 자손을 남겼다. 이곳에 살아남은 박테리아들 역시 스트로마톨라이트 위에 다닥다닥 붙어서 정신없이 전자를 주고받으며 광합성을 하고 있다. 태양빛을 받아 흥분한 전자들이 오가는 데 소리가 있다면, 광합성에 소리가 있다면, 해멀린 풀과 카블라 포인트는 지금 이 순간 얼마나 시끄러울까? 나는 그 소리를 들을 수 없지만 이곳은 지구 상 그 무엇보다도 치열하게 살아가는 생물들의 보금자리다. 그런데 이렇게 고요하다니!

바닷속 철을 모두 가라앉히고 대기 성분까지 바꾼 시아노박테리아의 삶은 아주 효율적이고, 아주 잘 정돈되어 있고, 군더더기가 없다. 그래서 35억 년 뒤 후손도 조상이 살았던 방식을 그대로 지키고 있다. 이 정도는 돼야 조상이라는 소리를 들을 만하지 않을까!

5
진핵 세포

나는 이곳 서호주 사막에서 조난을 당했다가 극적으로 귀환한 사람을 알고 있다. 그는 동료와 함께 달랑 오렌지 하나를 들고 이 사막에서 사흘을 버텼다. 그들의 모험담 중 가장 듣기 힘든 부분은 물을 마시는 장면이었다. 신선한 물이 가득한 수통이 떨어져 있을 리 없으므로 그는 사막 어딘가의 웅덩이에 고인 물을 마셨다. 그 일대에서 유일한 웅덩이였기에 네 발 달린 동물은 물론 새와 곤충까지도 몰려와서 물을 마셨다고 한다. 말이 좋아 물이지 흙탕물일 확률이 매우 크며 분명 모기들이 물속에 알을 낳아 장구벌레가 신나게 헤엄치고 있었을 것이다. 또한 눈에 보이진 않지만 물이 있으면 어디서나 활발하게 활동하는 아메바 같은 미생물도 득실댔을 것이다. 아, 마시지 않으면 죽는다는 절박함이 없다면 절대 입도 대지 않을 물이다. 나는 그 웅덩이 이야기를 들을 때 내 시야가 미국 드라마 「과학 수사대」의 한 장면처럼 물속으로 줌 인되어 수많은 미생물을 지나친 뒤 아메바처럼 생긴 생물에 이르러서 멈추는 환영까지 보았다. 그리고 그 아메바는 시간을 거슬러 나를 일반 생물학 실험실로 데리고 갔다.

　실험 시간에 조교는 며칠간 굶긴 아메바를 조심스럽게 모시고 왔다. 또 한 조교는 시험관에 유글레나를 담아 왔는데, 눈치 빠른 사람은 짐작하겠지만 이 가엾은 초록 단세포 생물은 아메바의 먹이가 될 운명이다. 조교는 현미경 재물대에 아사 직전의 아메바 한두 마리를 떨어뜨렸고, 곧이어 또 다른 조교가 피펫으로 유글레나가 섞인 물을 한 방울씩 주고 갔다. 그 뒤 현미경 접안렌즈로 본 광경은 너무나도 놀라웠다. 친구들의 말에 의하면 내가 실험 시간 내내 "우와, 이것 좀 봐!"라고 외쳤다고 하는데 나는 기억이 나질 않는다. 아무튼 그 경이감은 고등학생 시절 망원경으로 토성의 고리를 직접 보았을 때와 똑같았다. 배고픈 아메바가 유글레나를 게걸스럽게 집어삼키는 장면을 사진이나 영상이 아니라 실제로 직접 목격했다. 실물을 내 눈으로 보는 경이로움, 그런 경험은 참으로 많은 영감을 불러일으킨다.

　아메바는 유글레나의 존재를 감지하고는 몸의 한쪽 부분을 주욱 늘렸다. 이것을 '위족'이라고 하는데 마치 수제비를 뜯기 전 밀

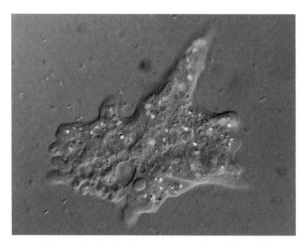

현미경으로 확대한 뿔아메바. 오른쪽 위로 위족이 뻗어 나왔다.

가루 반죽을 늘리는 것과 비슷하다. 아메바는 스멀스멀 유글레나를 둘러싸더니 또 다른 위족을 그 옆에 있는 유글레나 쪽으로 뻗었다. 내 재물대에는 유글레나가 세 마리 있었는데 배고픈 아메바는 세 마리를 한꺼번에 제 몸 안에 넣고는 열심히 소화액을 분비했다. 보통 그다음으로 이어지는 상황은 소화액에 녹은 유글레나가 재활용할 수 있는 분자로 분해되고, 그 영양 만점인 죽을 아메바가 천천히 흡수하는 것이다.

그런데 만약 아메바가 아무리 소화액을 분비해도 유글레나를 녹이지 못한다면 어떻게 될까? 또 위족을 뻗어 잡은 유글레나를 흡수하기보다 살려 두는 편이 이득이라면 아메바는 어떤 선택을

할까? 15억 년 전, 호주의 붉은 사막이 바다 밑이었을 때 실제로 이와 비슷한 일이 벌어졌다고 과학자들은 믿는다.

아메바나 유글레나 같은 단세포 생물과 인간에게는 공통점이 있다. 바로 진핵 세포로 이루어진 생물이라는 점이다. 진핵 세포는 앞서 등장했던 박테리아나 고세균과는 또 다른 부류의 생물이다. 현존하고 있는 생물은 모두 6계로 분류할 수 있지만 이 중 균계, 원생생물계, 식물계, 동물계를 뭉뚱그려 진핵생물이라고 한다. 그래서 생물을 크게 고세균계, 세균계, 진핵생물계, 세 그룹으로 구분하기도 한다.

진핵 세포는 박테리아나 고세균을 이루는 원핵 세포와는 구조가 전혀 다르다. 박테리아는 세포막을 세포벽으로 둘러싸고 있으나 진핵 세포는 그 벽을 과감히 없애서 모양을 자유자재로 바꿀 수 있다. 나를 놀라게 했던 아메바의 유연성은 단단한 벽이 아닌 부드러운 막이었기 때문에 가능한 성질이다. 그런데 부드럽고 유연한 막 덕분에 환경에 따라 모양을 바꿀 수 있다지만 잘못하면 세포가 찌부러지거나 터지지 않을까? 그런 걱정은 하지 않아도 된다. 원핵 세포보다 부피가 천 배나 커진 진핵 세포가 부드러운 막만으로도 무너지거나 찌부러지지 않는 이유는 세포 골격이 막을 안쪽에서 잡아당겨 지탱하기 때문이다. 세포 골격을 보면 이것이 야말로 건축가가 마지막으로 짓고 싶은 구조물이 아닐까 하는 생각이 든다. 나아가 미래의 건축물이 눈에 보이는 듯하다. 다만 진핵 세포가 어떤 과정을 거쳐 세포벽을 없애고 세포 골격을 가지게 되었는지 아는 사람은 아직 없다.

진핵 세포는 이중 막으로 된 핵막 주머니를 만들어 그 안에 유전자인 DNA를 보관한다. 마치 가장 중요한 재산을 금고에 따로 보관하듯 핵을 잘 모셔 두고 있으며, 히스톤 단백질에게 경비까지 서게 한다. 만약 어떤 물질이 DNA에 접근해 손이라도 한번 잡으려 한다면, 나아가 유전자를 복제하려 한다면, 그 물질은 히스톤 단백질을 분해하는 효소부터 만들 줄 알아야 한다.

히스톤 단백질을 분해하는 효소는 세포 내 소기관인 리보솜에서 만들어진다. 리보솜은 세포가 생존하는 데 필요한 각종 단백질을 제조하는 공장으로 진핵 세포의 필수 기관이다. 재미난 사실은 원핵생물인 고세균 가운데도 DNA에 히스톤 단백질을 발라 놓은 것이 있다는 점이다. 당연한 이야기지만 이 고세균에는 리보솜도 있다. 그래야 히스톤 단백질 분해 효소를 만들어서 자기 자신을 복제할 수 있기 때문이다.

진핵 세포의 필수 기관인 리보솜이 고세균에게도 있다니, 어느 쪽이 먼저 리보솜을 갖게 되었느냐고 묻는다면 당연히 고세균이다. 이 때문에 과학자들은 고세균이 진핵 세포와 깊은 관계가 있다고 믿는다. 고세균과 진핵 세포의 상관관계는 좀 지저분한 예에서도 찾아볼 수 있다. 늪이나 동물의 창자에 살면서 불쾌한 냄새를 만들어 내는 메탄 생성 고세균은 진핵 세포에도 있는 유전자를 지니고 있다. 이 유전자 역시 선후 관계를 따지자면 진핵 세포보다 고세균이 먼저 손에 넣은 것이다. 도대체 진핵 세포는 어디서 고세균의 유전자를 얻은 것일까?

리보솜 같은 예는 더 있다. 엽록체 역시 진핵 세포의 소기관이다. 아마도 지구의 대기에 산소를 공급한 시아노박테리아가 엽록체의 조상이었을 것이다. 과학자들이 이렇게 생각하는 이유는 식물 세포 속 엽록체의 행동이 매우 독립적이기 때문이다. 엽록체는 자신이 몸담고 있는 진핵 세포는 전혀 상관하지 않고 행동한다. 스스로 에너지를 만들어 생존하는 것은 물론이고, 주변에 아랑곳하지 않고 성장하고 분열하며, 이때 자손에게 물려줄 유전자도 따로 가지고 있다. 엽록체가 진핵 세포 내에서 독립적으로 행동하는 것을 처음 관찰한 사람은 독일의 과학자 안드레아스 심퍼였다. 심퍼는 실험을 하면서 식물 세포 안에 있는 엽록체를 모두 파괴해 보았다. 그랬더니 놀랍게도 식물 세포는 진핵 세포임에도 엽록체를 다시 만들지 못했다. 엽록체는 오로지 엽록체에서만 나올 수 있었던 것이다.

심퍼의 논문을 눈여겨본 러시아 과학자 메레시콥스키는 엽록체가 원래 박테리아였고, 아직은 확인할 수 없는 어떤 과정을 통해 진핵 세포 안에 살게 되었으며, 이것은 기생이라기보다 공생으로 보는 것이 옳다는 주장을 했다. 엽록체는 광합성을 통해 얻은 에너지를 진핵 세포가 사용할 수 있도록 허락하고, 진핵 세포는 엽록체

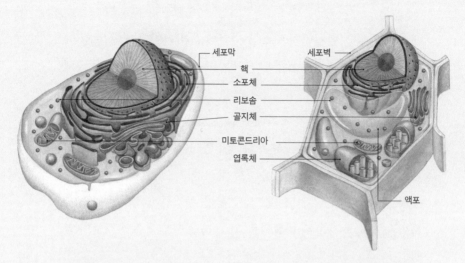

세포막
핵
소포체
리보솜
골지체
미토콘드리아
엽록체
세포벽
액포

동물 세포(왼쪽)와 식물 세포(오른쪽)의 구조를 묘사한 그림. 모두 진핵 세포이지만 식물 세포
는 세포벽이 사방을 둘러싸고 있고 부속 기관으로 광합성을 하는 엽록체, 형태를 유지하는 데
도움을 주는 액포 등이 있다.

에게 안전한 생존 조건을 제공한다는 것이다. 엽록체와 진핵 세포
는 산호와 조류처럼 공생하는 관계라는 것이 메레시콥스키가 펼
친 주장의 핵심이었다.

이와 같은 가설은 오늘날 매우 과학적이라는 것이 밝혀졌지만,
메레시콥스키가 살았던 20세기 초반에는 그다지 큰 인기를 끌지
못했다. 그렇다고 무조건 배척당하고 버려지지는 않았다. 공생설
은 실험과 관찰을 토대로 추론한 것인 만큼 매우 논리적이었다. 그
래서 어느 누구도 공생설이 틀렸다고 단정할 수는 없었다. 그러나
시대를 너무 앞서간 이론과 그것을 따라가지 못하는 사람들 사이

에서 공생설은 인정받지 못하고 그렇다고 버려지지도 않은 채 그냥 세포학 교과서 한구석에 얌전히 자리 잡고 있었다. 아무런 존재 감 없이.

만약 메레시콥스키가 영화배우 같은 외모에 세련된 말솜씨와 유려한 글솜씨, 뛰어난 사교성을 다 갖추었거나 이 중 하나라도 완벽했더라면 더 일찍 인정받았을지도 모르겠다. 그러나 그에게는 아무것도 없었고, 결국 진핵 세포의 기원을 공생설에서 찾는 일은 독특한 매력을 풍기는 린 마굴리스˙가 나타날 때까지 그냥 잠들어 있었다.

미토콘드리아는 진핵 세포에 없어서는 안 되는 소기관으로 역시 엽록체처럼 출신이 다른 독립체인 양 행동한다. 진핵 세포 가운데 엽록체가 없는 것은 있어도 미토콘드리아가 없는 것은 없다. 미토콘드리아는 이중 막으로 둘러싸여서 자신의 존재를 드러내며, 독특한 정체성을 담은 자신만의 DNA도 가지고 있다. 또한 엽록체처럼 ATP를 만들어 세포가 살아가도록 돕는다. 앞서도 설명했지만 ATP는 생명체가 살아가는 데 필요한 에너지를 저장하고 있는 큰 분자다. 쉽게 말해 '배터리'다.

미토콘드리아는 산소를 사용해서 포도당 분자 1개를 분해하는 동안 38개의 아데노신삼인산 분자, 곧 ATP 분자를 만든다. 포도당

˙ 미국 생물학자. 진핵 세포 내 미토콘드리아의 기원을 공생설로 설명해 내어 학계에 큰 충격을 주었다.

이 산소와 결합하는 과정은 가장 흔한 말로 풀이하면 연소, 곧 활활 불타는 것으로 과학자들은 산화라는 단어를 쓴다. 어려워 보이지만 기본은 종이나 나무가 불타는 것과 같은 과정이다. 미토콘드리아의 능력은 포도당을 한꺼번에 산화시키는 것이 아니라 여러 단계로 조각내어 산화시킬 줄 안다는 것이다. 일일이 설명하기 복잡한 포도당의 분해, 연소, 산화 과정에서 미토콘드리아는 ATP 한 분자당 7.3킬로칼로리의 에너지를 저장해서 진핵 세포에 제공한다. 세포는 필요할 때마다 ATP에서 에너지를 꺼내 쓰고, 에너지를 내준 ATP는 ADP(아데노신이인산, adenosine diphosphate)로 변신해 다시 에너지를 얻으러 미토콘드리아에 돌아간다.

이와 같은 과정은 미토콘드리아의 막에 박혀 있는 ATP 효소들이 전담한다. 효소라고 하면 마치 아메바처럼 일정한 형체가 없는 미생물을 상상할지 모르겠다. 그러나 ATP 효소는 나노미터 수준의 매우 정교한 기계 장치 같아서 머리가 송이버섯 모양인 나사처럼 생겼다. ATP 효소의 머리 부분이 막의 바깥쪽으로 돌출되어 있기 때문에 미토콘드리아를 전자 현미경으로 관찰하면 울퉁불퉁한 장식을 잔뜩 단 것처럼 보인다.

ATP 효소는 일종의 모터라고 할 수 있다. 이 작은 모터를 돌리는 동력은 양성자, 즉 전자를 잃어버린 수소(H⁺)로 이들은 막 바깥쪽에 우글우글 모여 있다가 효소 모터의 문을 통과한다. 그리고 그때마다 모터는 120도씩 회전한다. 세 번 회전하면 한 바퀴 도는 셈

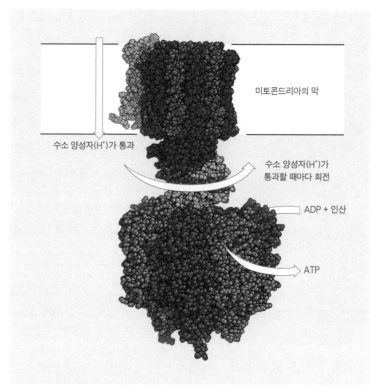

미토콘드리아의 막

수소 양성자(H⁺)가 통과

수소 양성자(H⁺)가
통과할 때마다 회전

ADP + 인산

ATP

ATP 효소의 분자 구조 모형. 수소 양성자(H⁺)가 통과할 때마다 효소가 모터처럼 회전하며
ADP를 ATP로 합성한다.

으로 첫 120도 회전에서는 ADP가 합성된다. 그다음 회전에서는
ADP에 인산을 붙여 ATP를 만들고, 마지막 회전에서 모터가 제자
리로 돌아올 때 ATP가 튀어나온다. 효소가 한 번 회전할 때 양성
자를 몇 개나 사용하는지는 생물마다 조금씩 달라서 인간의 경우

9개의 양성자를 통과시키며 ATP 세 분자를 합성한다.

ATP 합성은 산소가 있어야만 일어나는 유기 호흡 과정이다. 유기 호흡은 에너지 생산성으로 따지면 광합성이나 발효보다 훨씬 효율적이다. 그 옛날 시아노박테리아는 산소가 없는 환경에서 광합성을 하며 포도당 하나를 합성할 때마다 18개의 ATP 분자를 만들었다. 그리고 그 부산물인 산소를 버렸다. 대기와 바다에 산소가 풍부해지자 미토콘드리아는 이 산소로 주변에 있는 포도당을 분해해서 ATP를 만드는 방법을 터득했다. 미토콘드리아는 포도당 하나를 분해하며 38개의 ATP 분자를 만들어 낸다. 시아노박테리아와 미토콘드리아는 완전히 상반된 과정을 거쳐 ATP를 만든다. 그러나 효율로는 미토콘드리아가 승자다.

이외에도 진핵 세포는 다양한 소기관을 품고 있어서 부피는 박테리아보다 천 배나 크고 무게는 무려 만 배나 무겁다. 박테리아와 진핵 세포의 크기 차이를 가늠할 수 있게 그린 그림을 보노라면 이런 생각이 든다. 소기관들이 본래 장인 정신을 발휘해 각자 가내 수공업을 하던 상점들이라면, 진핵 세포는 그 상점들과 무역상들과 총지휘하는 경영자를 한곳에 몰아넣은 조직적인 도시라고 말이다. 도대체 원시적인 박테리아는 어떻게 어마어마한 진핵 세포가 되었을까?

과학자들은 박테리아가 변신해서 진핵 세포가 되었다고 생각하지는 않는다. 먼 옛날 시아노박테리아가 진핵 세포라는 도시의 일원인 엽록체가 되었듯이, 미토콘드리아 역시 유기 호흡을 터득한 미생물이 진핵 세포에 영입되어 공생하게 되었다고 본다. 더 나아가 앞서 말했던 유기 호흡을 하는 고세균 역시 수소를 배출하던 미생물과 수소를 재료로 메탄을 생성하던 고세균이 모종의 협정을 맺고 같이 살게 된 것이라고 추측한다.

과학자들은 다양한 가정과 실험, 추측을 통해 먼 옛날 다음과 같은 일이 벌어졌다고 믿는다. 산소가 없으면 살 수 없는 미토콘드리아는 좀 더 안전한 삶을 위해 자신보다 몸집이 큰 숙주 생물과 공생하는 길을 선택했다. 덩치 큰 생물 역시 미토콘드리아가 효율적으로 생체 에너지를 공급해 주어서 큰 도움이 되니 한 몸으로 살아가기를 마다하지 않았다. 그러다 큰 생물이 스피로헤타 집안의 꼬리 모양 세균을 삼켰다. 아, 그런데 이 꼬리가 여간 요긴한 것이 아니다. 원하는 방향으로 좀 더 빨리 움직이는 데 꼬리가 아주 유용했다. 덩치 큰 생물은 이 꼬리 달린 세균 역시 소화시키지 않고 같이 살기로 했다. 이렇게 생겨난 것이 아메바 편모충이다. 아메바 편모충은 번성했다. 그리고 그들 중 일부는 광합성을 하는 박테리아와 공생을 도모해 식물 세포의 조상이 되었다. 그러지 않은 것들은 동물과 균류 세포의 조상이 되었다. 믿기지 않겠지만 이 단세포 생물이 우리의 조상이다.

물론 이 시나리오대로 모든 일이 이루어졌다 하더라도 넘어야 할 산은 많지만 지금까지는 이런 가설이 지배적이다. 이런 공생이

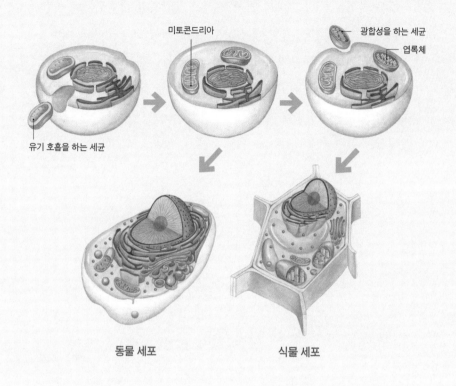

미토콘드리아

광합성을 하는 세균

엽록체

유기 호흡을 하는 세균

동물 세포

식물 세포

공생설을 바탕으로 미토콘드리아와 엽록체가 진핵 세포 안에 생겨난 과정을 묘사한 그림. 유기 호흡을 하는 세균이 미토콘드리아가 되었으며, 광합성을 하는 세균은 엽록체가 되었다.

정확히 언제 일어났는지, 또는 진짜로 일어났는지 아무도 본 사람이 없지만 지층에서는 다양한 진핵생물의 화석이 발견되고 있다. 21억 년 전 생성된 미국 미시간 주의 네고니 철광층에서 발견된 생물 화석은 아직 그 실체가 인정되진 않았지만 진핵생물로 추측되며, 12억 년 전 생성된 캐나다의 지층에서는 크기가 60마이크로미터인 진핵생물 방기오모르파(Bangiomorpha)의 화석이 발견됐다. 방기오모르파의 화석은 실체가 밝혀진 가장 오래된 진핵생물의 화석으로 이들은 유성 생식, 다시 말해 두 가지 성별이 나뉘어 번식했고 김과 우뭇가사리 등 현생 홍조류와 매우 비슷하다.

6
새로운 전략

우리는 1조 개가 넘는 진핵 세포로 이루어진 조직체이며 우리 집에 밥 먹으러 오는 고양이, 화단에 피는 꽃, 새벽에 나타나 괴롭히는 모기까지 모두 다세포 생물이다. 우리 눈에 단세포 생물을 구별할 수 있을 정도의 능력은 없기 때문에 흔히들 생물은 다세포라는 선입견을 품곤 하지만 박테리아나 고세균은 모두 단세포이며 다세포 조직을 이뤄 살아가는 경우는 전혀 없다. 다시 말해, 진핵 생물 중에는 단세포 생물도 있고 다세포 생물도 있다.

탄소, 수소, 질소들을 병 안에 욱여넣고 끓이고 흔든다고 세포가 생기지 않듯이 독립적으로 살아가던 세포들을 한 통에 몰아넣고 섞어 준다고 해서 서로 엉겨 붙어 몸을 이루지는 않는다. 종이를 붙이려면 풀이 필요하고 나무를 이으려면 아교나 못이 필요하듯이 세포가 한 몸이 되려면 풀 역할을 하는 무언가가 필요하다. 현생하는 다세포 생물을 잘 살펴보면 세포와 세포 사이에는 다양한 종류의 콜라겐°과 세포를 얽어매는 분자, 실제로 못이나 집게 역할을 하는 분자, 세포를 오가며 메시지를 전달하는 분자 등이 채워져 있다. 이와 같은 물질들은 오래전 바다에도 있었다.

실제로 해면을 가지고 실험해 보면 매우 흥미로운 광경을 볼 수 있다. 목욕할 때나 설거지에 쓰이는 해면은 바다에서 사는 생물이다. 실리카와 탄산칼슘으로 이루어진 몸체에 구멍이 숭숭 뚫린 해면은 좀 세게 힘을 주면 어이없이 부서지는데, 엄밀히 말해서 이 몸체는 살아 있는 것이 아니고 구멍 사이사이에 세포들이 끼어서 살아간다. 실제로 살아 있는 해면은 하얀 골격에 젤라틴이 채워진 것처럼 보인다. 그렇다고 해면이 단세포 생물은 아니다.

과학자들은 살아 있는 해면을 부수고 체로 걸러서 골격들 사이에 있던 세포들만 추려 내었다. 실험 접시 위에 집을 잃은 해면 세포들이 아메바처럼 꾸물꾸물 기어 다녔다. 그러나 시간이 지나자 세포들은 한데 모여 정렬했고, 각자 맡은 바 임무를 수행하기 위해 자기 자리를 찾아갔다. 그리고 이 세포들은 새 몸을 만들어 냈다. 해면은 매우 단순한 관 모양으로 세포들이 모여 있지만 최대한 많

● 결합 조직의 주성분으로 뼈와 피부 등에 있는 일종의 단백질이다.

해면은 간단한 구조를 지닌 다세포 생물로, 골격 사이사이에 세포들이 끼어 있다.

은 바닷물과 접하도록 설계되어 있으며 먹이를 끌어 들이는 세포, 소화하는 세포 등 세포별로 기능이 다르다. 해면은 아주 간단한 다세포 동물로 해면의 세포는 번식, 호흡, 소화 등 살아가는 데 꼭 필요한 최소한의 기능을 나눠서 수행한다.

해면보다 더욱 간단한 다세포 동물로 고니움(Gonium)과 볼복스(Volvox)가 있다. 고니움은 꼬리 달린 세포가 4개에서 16개 정도 모여서 한 개체를 이루는데, 이 세포들은 막으로 싸여 한 조직인 양 행동한다. 그러나 이 세포들은 해면과 달리 기능이 나뉘지 않았으며 각각의 세포들이 모두 비슷해서 마치 작은 물고기가 떼 지어서 큰 물고기의 공격을 방어하는 듯한 느낌을 준다. 세포들이 16개 이상 모이지 않는 것은 더 늘어나면 물과의 접촉, 먹이 섭취, 배설 등이 원활하게 이뤄지지 않기 때문이다. 그에 반해 볼복스는 훨씬 많은 세포가 공처럼 뭉쳐 있는데 세포들 가운데는 특정 기능을 수행하는 것들이 있다. 볼복스는 고니움보다 좀 더 발전된 형태로 단세포 생물과 다세포 생물 사이의 고리가 될 수 있을지도 모른다.

이쯤에서 한 가지 짚고 넘어갈 것이 있다. 박테리아와 고세균이 지구 상에 나타난 이래, 이들은 20억 년 가까이 아주 단순한 삶을 살았다. 그동안 다양한 박테리아와 고세균은 알려지지 않은 경로로 서로 연합해 진핵 세포가 되었다. 그리고 마침내 세포들은 더 이상 홀로 살지 않고 여럿이 모여서 각기 역할을 분담하며 사는 방식을 택했다. 왜 그랬을까?

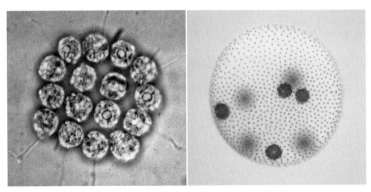

고니움(왼쪽)과 볼복스(오른쪽)를 현미경으로 확대한 사진. 가장 기초적인 다세포 생물들이다.

진핵 세포의 공생설에서 엿볼 수 있듯이 이런저런 미생물들이 나타나고 산소를 이용한 유기 호흡이 가능해지면서 서로 먹고 먹히는 일이 일어났다. 유기 호흡으로 에너지를 생산하려면 누군가가 만들어 놓은 유기물이 필요하다. 포도당과 단백질 같은 거대한 분자를 얻는 가장 간단한 방법은 그것들을 한 주머니에 담고 있는 또 다른 세포를 삼키는 것이다. 그리고 자신이 크면 클수록 다른 세포를 삼키는 데 절대적으로 유리하다. 그러나 단세포가 한없이 커질 수는 없다. 크기가 커지면 막의 면적이 넓어지고, 바깥에서 공급되는 다양한 양분을 세포 깊숙이 나르기도 훨씬 힘들어진다. 결국 아무리 열심히 물질을 실어 날라도 세포 내 어떤 부분은 물질을 공급받지 못하는 경우가 생긴다. 이와 같은 실패를 온몸으로 경험한 세포들은 '흩어지면 죽고 뭉치면 산다'를 몸소 실천한 것으로 보인다.

세포들은 잡아먹히지 않고 잡아먹기 위해 여럿이 모여 몸집을 불리는 전략을 세웠다. 실제로 과학자들이 재미난 실험을 했다. 그들은 실험실에서 단세포 조류를 수천 세대 배양해 개체 수를 늘렸다. 그리고 잔인하게도 실험 접시에 조류를 잡아먹는 꼬리 달린 미생물을 넣었다. 이 운수 좋은 포식자는 경쟁자가 없는 환경에서 조류를 마음껏 먹어 댔다. 갑작스러운 포식자의 출현에 놀란 조류들은 200세대를 거듭하는 동안 수천 개의 조류끼리 뭉쳐 거대한 덩어리로 진화했다. 꼬리 달린 미생물은 그렇게 커다란 것은 잡아먹지 않았다. 커다란 조류 덩어리의 일원이 된 세포들은 그제야 한숨 돌릴 수 있었다.

그런데 문제는 엉뚱한 곳에서 터졌다. 덩치가 너무 커진 탓에 빛이 가려져서 광합성을 하지 못하는 세포가 생긴 것이다. 살려고 뭉쳤는데 그 때문에 죽는 세포들이 나왔다. 이 커다란 덩어리는 다음 세대로 이어지지 못했다. 그 대신 그보다 작은 덩어리가 살아남았다. 세대를 거듭하면서 조류들이 알아낸 사실은 생존에 가장 적합한 크기는 세포 8개가 뭉친 덩어리라는 것이다. 그만한 크기라면 포식자에게 먹히지도 않고 광합성을 하지 못해 죽는 세포도 없었다. 여덟 세포가 합체한 조류는 그대로 분열해 다음 세대로 이어졌다. 포식자의 존재가 새로운 다세포 생물을 만들어 낸 것이다. 겨우 몇 년 만에!

이쯤에서 또 새로운 질문이 떠오른다. 최초의 진핵 세포가 등장한 것이 15억 년 전 무렵이고 다세포 생물이 처음 출현한 것이 얼추 6억 년 전이라면, 단세포들은 왜 더 빨리 다양한 다세포 생물이 되지 않았을까? 앞선 실험에 따르면 세포가 여러 개 뭉쳐 다세포 생물이 되는 것은 몇 년이면 가능한데 말이다. 과학자들은 아마도 지구 대기의 산소 농도 때문이었을 것이라고 추측한다. 해면을 포함해 모든 다세포 생물의 세포 사이를 채워 주는 젤라틴을 만들고 유지하는 데는 산소가 아주 많이 필요하다. 진핵 세포가 처음 등장했을 때도 세포들은 조건만 갖추어진다면 얼마든지 다세포 생물로 진화할 수 있었다. 그러나 바다와 대기에 그만한 산소가 없었다. 7~6억 년 전, 시아노박테리아의 꾸준한 광합성 덕에 바다와 대기에 산소가 풍족해지자 드디어 진핵 세포들이 연합 전선을 펼 수 있는 환경이 조성되었다. 그리하여 호떡, 방석, 끈, 리본 같은 다양한 모습을 지닌 다세포 생물들이 나타났다.

진핵생물이 얻은 또 한 가지 심오한 깨달음은 수명에 관한 것이다. 세포가 여럿이 조직을 이루어 살면 수명이 더 길어질 수 있다. 우리 몸을 구성하는 1조 개에 이르는 세포에게는 제각기 수명이 있다. 세포의 평균 수명은 3개월 정도로 우리가 못 느끼는 사이에도 내 몸 안에 있는 세포는 수시로 죽고 태어나며 때로는 자살하기도 한다. 3개월 남짓 사는 세포들이 끊임없이 죽고 태어나지만, 그 세포들의 집합체인 나는 80년 넘게 살 수 있고 관리만 잘하면 100년까지 버틸 수도 있다. 다시 말해 3개월밖에 못 사는 세포에게 거대한 조직체는 잘 견뎌만 준다면 100년 동안 성장하고 증식할 수 있는 안전한 집이 되는 셈이다. 게다가 이 거대 조직체가 또 다른 거대 조직체를 낳는다면, 세포들의 핵 속에 보관되어 있는 유전자는 고스란히 다음 세대에 계승되어 또 다른 100년을 기약할 수 있다. 이를 위해 하나의 세포에서 분열해 만들어진 1조 개의 세포들은 같은 모습과 같은 기능으로 한 덩어리가 되기보다 각기 다른 기능으로 나뉘어 조직에 기여하는 편이 훨씬 이득이라는 사실을 알았다.

아주 오래전 광합성이나 유기 호흡 같은 기능을 지닌 원핵 세포들이 진핵 세포로 모여드는 융합을 꾀했다. 그다음으로 진핵 세포들은 다세포 전략을 쓰면서 각 세포들이 조직에 보탬이 되는 서로 다른 기능을 연마하도록 스스로를 프로그래밍했다. 그리하여 생물은 자신을 방어하고, 먹잇감을 공격하며, 수명을 늘려서 좀 더 효율적으로 종을 보존하고 번식할 수 있게 되었다.

7
에디아카라

　생물이 다세포로 구성되어 몸집을 불리는 것은 다른 생물과 경쟁할 때 분명히 장점이 되었다. 그러나 세포 수를 무작정 계속 늘릴 수는 없었다. 세포들이 모여 몸체를 이루었을 때 무너지지 않고 지탱될 만큼만 커질 수 있었다. 또 세포 수가 많아지면서 세포의 배열에 신경 쓰지 않을 수 없었다. 모든 세포가 바닷물과 접촉해 산소와 영양분을 골고루 공급받아야 했기에 세포의 배열은 동그란 공 모양보다는 납작한 접시 모양이 유리했다. 작은 미생물을 잡아먹던 동물은 대부분 납작한 몸에 아주 간단한 입과 소화 기관을 가지고 있었을 것이고, 몸 전체가 부드러운 세포로 이루어져 흐느적거리며 물결을 따라 이동했을 것이다. 이렇게 이야기한 것이 모두 상상 같겠지만 실제로 5억 5천만 년 전쯤 지구의 바다에는 현생 생물 어느 것과도 닮지 않은 기괴한 생물들이 살고 있었다.

1947년 호주의 지질학자 스프리그는 호주 남부에 있는 구릉 지대 에디아카라를 탐사하다 아주 이상한 인상(印象)을 발견했다. 인상이란 어떤 생물을 덮었던 퇴적층에 그 생물의 흔적이 남은 것을 말한다. 딱딱한 외피나 뼈가 없는 연체동물은 썩어서 없어지고 나면 고운 흙에 형체만 남아서 화석이 되는 경우가 있다. 파운드 규암층이라 불리는 에디아카라의 지층은 얼추 6억 5천만 년 전에서 5억 4천 5백만 년 전에 만들어진 것으로 고생대의 시작인 캄브리아기보다 앞선 시대에 생성된 지층이다. 먼저 선(先) 자를 써서 선캄브리아대라고 불리는 지질 시대의 지층에서 다양한 동물의 화석이 나오자 과학자들은 몹시 놀랐다. 고생대에 생(生) 자를 넣은 건 바로 그때부터 많은 종의 동식물이 지구 상에 출현했다고 생각해서인데, 그보다 전에 만들어진 지층에서도 동물의 화석이 발견되었기 때문이다.

무엇보다 흥미로운 것은 이들의 형태가 오늘날의 어떤 동물과도 닮지 않았다는 점이다. 타원형에 넓적한 방석을 닮은 디킨소니아(Dickinsonia)는 몸에 방사형 줄무늬가 있고, 손톱만 한 것부터 커다란 방석만 한 것까지 크기가 매우 다양했다. 디킨소니아의 몸 구조는 매우 단순하고 운동성도 그다지 좋지 않아서 느릿느릿 움직이거나 그냥 한자리에 머물며 떠다니는 작은 생물을 걸리는 대로 먹고 살았다. 대부분 자기 영역이 정해져 있었고 남의 영역을 침해하는 일도 별로 없었다. 그러지 않아도 먹고사는 데 별문제가 없었기 때문이다.

몸에 절지동물 같은 마디가 있던 스프리기나(Spriggina)는 고생대에 살았던 삼엽충과 닮았는데 실제로 삼엽충의 선조일지 모른다는 주장도 있다. 방패처럼 생긴 파르반코리나(Parvancorina) 역시 절지동물과 관련이 있는 것으로 추측되지만 정확히 어떤 동물이었는지는 알아내기 힘들다. 둥근 몸에 바람개비 날개 세 개가 붙어 있는 듯한 트리브라키디움(Tribrachidium)은 마치 중세 유럽 어떤 가문의 문장처럼 생겼는데, 아주 원시적인 성게나 해삼 또는 해파리나 말미잘 같지만 역시 어떤 동물이었는지는 정확히 알 수 없다. 이외에도 나뭇잎처럼 생겨서 아랫부분은 바닥에 들러붙어 있고 윗부분은 물결 따라 흔들리던 카르니아(Charnia), 이보다 긴 나뭇잎처럼 생긴 카르니아 와르디 등이 햇빛이 드는 얕고 따뜻한 바다에서 살았다.

척추가 없고 부드러운 몸체를 지닌 이 동물들을 '에디아카라 동물군'이라고 부른다. 남극을 제외한 전 세계의 에디아카라기 지층에서 이들의 흔적을 찾을 수 있다. 아주 드물긴 하지만 해면의 골침, 패류와 비슷한 작은 조각, 이빨은 아니지만 그와 유사한 돌기 등, 규산과 탄산칼슘과 키틴질로 이루어진 단단한 부위도 발견됐다. 캄브리아기 이전에 이미 다양한 동물이 살았던 데다, 연체동물

뿐 아니라 몸에 단단한 부위가 있던 동물도 존재했다는 뜻이다. 그러나 고생대 이전에는 단단한 외피나 골격을 지닌 동물이 그리 많지 않았던 것 같다. 고생대 지층에 이르러서야 본격적으로 골격 화석이 많이 나타나고, 그래서 지질 시대의 이름도 고생대가 되었으니 말이다.

이쯤에서 우리는 에디아카라 동물군이 나타나기 전에 지구의 상황이 어땠는지 알아볼 필요가 있다. 9억 년 전부터 6억 년 전까지 지구 전체에 얼음이 얼 정도의 빙하기가 있었다. 빙하기가 3억 년 내내 계속된 것은 아니고 그 사이 약 네 차례 반복되었는데 빙하가 적도까지 분포해 있었다. 빙하는 느리지만 거대한 움직임으로 토양을 풍화시킨다. 그 과정에서 땅에 풍부한 규산염 광물은 공기 중의 이산화탄소와 반응하여 탄산칼슘, 곧 석회석을 만든다. 이

디킨소니아 화석.

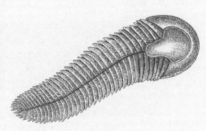

스프리기나 복원도.

반응은 빙하기가 지속되는 동안 전 지구에서 벌어져 대기 중 이산화탄소량이 감소했다. 이산화탄소는 메탄가스와 함께 대표적인 온실가스다. 지구 대기의 이산화탄소가 줄어들자 온실 효과가 사라져서 기온이 지속적으로 내려갔다. 설상가상으로 얼음이 늘어나니 지구는 그 자체가 거울이 되어 태양 빛을 우주로 그냥 반사시켜 버렸다. 1 더하기 1은 2이지만 자연에서 벌어지는 일은 꼭 산술적이지는 않아서 두 현상은 지구의 빙하기를 더더욱 연장시키는 결과를 불러왔다.

온 지구가 꽁꽁 얼어붙고, 바다도 얼음으로 덮였으며, 간혹 덜한 곳은 얼음 슬러시로 채워졌다. 그 와중에 대부분의 단세포 생물이 얼어 죽었다. 좀 깊은 바다에 살던 생물은 광합성을 하지 못해 죽었고 자신보다 작은 세포를 잡아먹던 진핵 세포는 굶어 죽었다.

파르반코리나 화석.

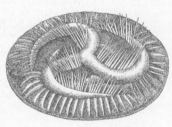
트리브라키디움 복원도.

카르니아 화석.

주변의 온도가 낮은 만큼 세포는 살아남기 위해 더 많은 에너지를 얻어야 했으나 상황은 그리 좋지 않았다. 그나마 바다 밑 화산 근처에는 300도가 넘는 물이 솟아나는 열수 분출공이 있었다. 그곳에 서식하던 생물은 대부분 살아남았다.

또 다른 흥미로운 환경은 얼음에 둘러싸인 채 활동하는 화산이다. 남극의 에러버스 산이 좋은 예인데 꽁꽁 얼어붙은 두꺼운 얼음 대륙에서 홀로 불을 뿜어내는 화산을 보면 조금 애잔한 마음이 든다. 하지만 오래전 빙하기에는 그나마 화산 덕분에 얼지 않은 물웅덩이가 있었을 것이고, 분명 어떤 생물은 그 웅덩이에서 몸을 녹이며 삶을 이어갔을 것이다.

간혹 돌연변이로 태어나 부모와는 형태와 습성이 조금 다른 자손이 나오기도 했는데, 이와 같은 미운 오리 새끼 중 일부는 열악한 상황에 부모보다 잘 적응했다. 생물 전체의 입장에서 보자면 단일한 형태와 습성으로 통일되는 것보다 다양한 형태와 습성을 지닌 생물 집단으로 변화하는 것이 훨씬 이득이다. 그래야 환경이 어떻게 변해도 그 가운데 살아남는 것이 있기 때문이다. 자주 변화하는 지구의 환경에서 생물이 얻은 교훈은 바로 이것이다. 무조건 다양해야 한다!

거듭되는 빙하기의 악순환 탓에 우주에서 본 지구는 하얀 눈덩이 같았을 것이다. 그래서 과학자들은 이 시기를 '눈덩이 지구'(Snowball Earth)라고 부른다. 영원할 듯하던 빙하기를 끝낼 실마리를 제공한 것은 지구 내부에서 일어나는 열 순환과 그로 인해 벌어진 화산 폭발과 대륙의 분리였다.

눈덩이 지구 시절 지구 표면은 대부분 바다였고 적도 부근에 커다란 초대륙 하나가 달랑 있었다. 이 대륙의 이름은 로디니아. 로디니아는 13~10억 년 전 무렵에 형성되어 그 상태를 유지하다가 7억 5천만 년 전쯤 대륙 아래에서 맨틀이 위로 밀어붙이는 힘을 이기지 못하고 쪼개지기 시작했다.

대륙이 쪼개지는 모습은 오늘날 동아프리카 지구대에서 벌어지는 것과 거의 유사하다. 땅이 천천히 갈라지고 틈이 내려앉으면서 그 사이로 줄화산이 터져 나온다. 화산이 터지기 시작하면 대륙의 분리는 더욱 빨라지고 결국 대륙은 누룽지가 깨지듯 여러 조각으로 나뉜다. 로디니아는 이런 과정을 겪으며 커다란 대륙인 로렌시아를 비롯해 몇 개의 대륙으로 쪼개졌다. 화산이 폭발하면서 대기에 이산화탄소가 내뿜어졌고, 대기 중 이산화탄소량이 어느 정도에 이르자 온실 효과가 다시 일어나며 기온이 올라갈 조짐이 보였다.

대륙의 분리는 1억 년간 지속되다가 6억 5천만 년 전 대륙들이 다시 하나로 모여 초대륙 파노시아를 형성했다. 그리고 1억 년 뒤인 5억 5천만 년 전, 캄브리아기 초기에 파노시아는 다시 쪼개지기 시작했다. 대륙이 나뉘었다 붙는 일은 지구 내부에 열이 있는 한 계속될 것이다.

컴퓨터 그래픽으로 묘사한 '눈덩이 지구'.

　과학자들은 눈덩이 지구 시기가 생물들이 다양한 형태로 진화하는 데 큰 영향을 주었다고 생각한다. 에디아카라 동물군의 발견은 고생물학자들에게 파문을 일으켰다. 과학적 방법으로 알게 된 지식이 늘 그렇듯이 지식이란 밝혀진 순간의 사실일 뿐 언제든지 새로 쓰일 수 있다. 과학자는 객관적이며 논리적인 방법으로 탐사하고, 실험하고, 관찰한 사실을 엮어 이야기를 만들어 내는 논리적 이야기꾼이다. 그러나 과학자들이 쥐고 있는 탐사 결과와 실험 자료는 이 세상 만물을 망라한 것이 아니다. 아직도 파 들어가 보지 못한 무수한 지층들을 조사하면 어떤 놀라운 흔적과 화석들이 나타날까? 새로운 자료가 나오면 기존의 사실은 언제든지 수정되며, 수정된 사실이 쌓이면 기존의 개념이 무너져 버리고 새로운 개념의 줄기가 탄생한다.

8
보기 어려운 시계

　고생대는 5억 4천 2백만 년 전부터 2억 5천 1백만 년 전까지 2억 9천 1백만 년 동안 이어졌으며 지층에 나타난 특정과 생물 화석을 기준으로 캄브리아기, 오르도비스기, 실루리아기, 데본기, 석탄기, 페름기로 나눈다. 발음하기도 힘든 이 이름들은 페름기 외에는 모두 영국의 암석층과 지역 이름에서 따온 것이다. 누구 마음대로 영국 지명을 땄느냐고 화를 낼지 모르겠지만 18~19세기에 영국의 지질학은 요즘 인기 있는 천문학과 비슷한 지위를 차지하고 있었고, 전 세계 지질학의 중심지 역시 영국이었다. 자연히 영국의 지질학자들은 충서학의 기준이 될 지층 이름에 자신들이 연구해 온 지역의 이름을 붙였는데 그것이 오늘날까지 이어져 왔다.

1815년 8월 1일, 영국의 운하 건설업자인 스미스가 손수 색을 칠해 만든 가로 2.4미터, 세로 1.8미터의 지질도를 들고 나타났다. 영국 국민에게 지질학 공부를 시키려는 의도로 지질도를 제작한 것은 아니었고, 산업 혁명의 필수 요소인 석탄을 좀 더 효율적으로 나르는 데 지질도가 필요했기 때문이다. 당시 영국인들은 광산에서 채굴한 석탄을 주요 도시로 공급하는 데 운하가 가장 효율적이라고 생각했는데, 운하 건설업자들은 자신들이 땅을 파 들어갈 때 어떤 지층을 만날지 알아야 했다. 세계 최초의 지질도는 경제적인 이유로 만들어진 것이다. 18, 19세기의 지질학과 같은 위치에 있는 오늘날의 천문학 관측 장비 중 상당수가 군사용으로 개발되었다는 점을 생각해 보면 순수 학문의 발전은 반드시 순수한 의도로 이루어지는 것만은 아님이 확실하다.

　　오늘날 고생물학자들은 지층의 나이를 알아내기 위해 지층 속 방사성 동위 원소의 반감기를 이용한다. 지구의 역사가 46억 년이므로 반감기가 몇백만 년 정도인 방사성 동위 원소는 지층의 나이를 측정하는 데 별 도움이 못 되곤 한다. 다행히 지구에는 반감기가 45억 년이나 되는 우라늄 238과 역시 반감기가 7억 년쯤 되는 우라늄 235가 존재해서 매우 긴 시간을 가늠해 볼 수 있다.

　　탄소와 산소가 우리에게 매우 친근한 원소인 것과 달리 우라늄은 그리 다정한 느낌을 주는 원소는 아니다. 우라늄은 왠지 묵직해 보이고, 거대한 조직의 보스라 한번 움직이려면 군대 단위의 수

1815년 영국의 운하 건설업자 윌리엄 스미스가 만든 세계 최초의 지질도.

행원을 데리고 다닐 것만 같다. 우라늄이 핵과 관련된 뉴스에 자주 등장하기 때문일지도 모르겠다. 그러나 알고 보면 우라늄처럼 변덕스러운 원소도 드물다. 우라늄이 어떤 과정을 거쳐 납이 되는지 자세히 알아보면, 자기의 정체성을 찾아 질풍노도의 시기를 보내는 청소년과 비슷한 점이 있다.

우라늄 238은 토륨 234, 프로트악티늄 234, 우라늄 234, 토륨 230, 라듐 226, 라돈 222, 폴로늄 218, 납 214, 비스무트 214, 폴로늄 214, 납 210, 비스무트 210, 폴로늄 210을 거쳐 납 206이 된다. 그러나 이와 같은 복잡한 과정을 거친다고 해서 모든 우라늄 238이 납 206으로 바뀌는 것은 아니다. 45억 년이나 되는 긴 여정 동안 결정 안에 갇힌 우라늄 238 중 절반만이 납 206이라는 안정한 상태에 안착할 수 있다. 동위 원소의 '반감기'란 애초에 있던 동위 원소 중 절반이 안정된 원소로 변하는 데 걸리는 기간을 뜻한다.

나는 학생들로부터 반감기로 돌의 나이를 측정하는 것을 도저히 이해할 수 없다는 질문을 받곤 한다. 돌 속에 들어 있던 라듐이나 비스무트가 우라늄이 변해서 생긴 것인지 원래부터 라듐이나 비스무트였는지 어떻게 아느냐는 것이다. 매우 훌륭한 질문이다. 이런 질문을 하는 어른은 한 명도 본 적이 없는데, 그 이유를 알아서 질문하지 않는 것 같지는 않다.

저어콘이라는 광물이 있다. 주황색을 뜻하는 아랍어 'zarqun'에서 이름을 따왔다는 설과 황금색을 이르는 페르시아어 'zargun'에서 유래했다는 설이 있는데, 어느 쪽이 진실이든 중요한 것은 저어콘이 지르콘이라는 원소를 포함한 광물이라는 점이다. 저어콘은 지르콘과 규소와 산소가 결합한 결정으로 커지면 끝이 피라미드를 닮은 각기둥으로 자란다. 저어콘이 왜 돌의 나이를 알려 주는 훌륭한 시계 역할을 하는지 이해하려면 저어콘이 만들어지던 바로 그 순간으로 돌아가야 한다.

지각 밑에 고여 있는 식지 않은 마그마에는 우라늄, 토륨, 라듐 등 다양한 방사성 동위 원소가 녹아 있다. 마그마의 온도가 서서히 내려가면 그 속에 섞여 있던 원소와 분자들은 빽빽하게 줄을 맞춰 정렬한다. 원소나 분자들이 정렬하는 온도는 제각기 다르다. 우리는 저어콘이 생성되는 시점에 집중해 보자.

지르콘과 규소와 산소는 화학의 세계에서 통하는 법칙에 따라 손을 잡고 정렬한다. 그런데 지르콘이 들어갈 자리에 가끔 우라늄 238이 끼어들 때가 있다. 지르콘과 우라늄 238은 전기적 성질이 비슷해서 주변의 다른 원소들은 우라늄이 잘못 들어온 것을 눈치채지 못한다. 아마 우라늄 역시 자기 자리가 아니라는 사실을 모를 것이다. 결국 불청객을 아무도 눈치채지 못한 상태로 저어콘 결정이 형성된다. 이렇게 저어콘 결정이 완성되는 순간이 중요하다. 광물은 완벽하게 폐쇄되어 어떤 원소도 들어오거나 나갈 수 없다. 완벽하게 봉인되었다고 할까? 혹시나 해서 말해 두는데 저어콘이 만들어질 때 납 206은 끼어들 수 없다. 납은 지르콘과 성질이 달라서 모른 척 끼어들 수 없다. 그리고 결정이 완성된 순간부터 저어콘의 반감기 시계가 작동한다!

45억 년 후 저어콘 결정 속에 있던 우라늄의 절반은 납으로 변한다. 따라서 저어콘 광물 속의 납은 애초부터 마그마에 섞여 있던 것이 아니고, 마그마가 식어 암석이 되던 그 순간 결정 속에 끼어든 우라늄이 변해서 생긴 것이다. 과학자들은 우라늄과 납의 비율을 정확하게 재서 결정이 만들어지고 얼마나 시간이 흘렀는지 계산하는데, 천만 년에서 46억 년까지 측정할 수 있다. 물론 더 긴 시간도 측정할 수 있지만 지구의 나이가 46억 년이므로 그보다 나이가 많은 광물은 있을 수 없다. 의심 많은 과학자들은 암석의 나이를 더욱 정확하게 알기 위해 우라늄 235와 그것이 붕괴해서 만들어진 납 207의 비율도 측정한다. 만약 우라늄 238로 측정한 연대와 우라늄 235로 측정한 연대가 일치한다면 그 광물이 생성된 시기를 좀 더 확실히 말할 수 있다.

이외에도 긴 시간을 측정하는 데 쓰이는 방사성 동위 원소로는 반감기가 488억 년인 루비듐 87과 반감기가 13억 년인 칼륨 40이 있고, 이들은 각각 스트론튬 87과 아르곤 40으로 변한다. 반감기가 긴 원소는 비교적 오래된 암석의 나이를 측정하는 데 좋고, 반감기가 짧은 원소는 좀 더 세밀하게 나이를 알아보는 데 도움이 된다. 요즘은 방사성 동위 원소의 반감기를 정하는 장비가 좋아져서 광물의 양이 적어도 정확히 조사할 수 있다.

9

버제스 셰일

나는 어릴 때 백과사전 한 질 가운데 한 권이었던 지구에 관한 책을 읽은 적이 있다. 솔직히 말해 생물의 흔적이 거의 없던 선캄 브리아대에 대한 이야기는 재미가 없었다. 가장 흥미진진한 부분 은 고생대가 시작되면서 등장하는 삼엽충이었다. 그때는 삼엽충 이 세로로 잎사귀 세 장을 늘어놓은 것처럼 생겨서 그런 이름이 붙은 줄 몰랐고 머리, 몸통, 꼬리 세 부분으로 나뉘어서 삼엽충이 라고 부르는 줄 알았다. 지금 돌이켜 보면 나는 삼엽충에 엄청난 애정이나 호기심을 품었던 것 같지는 않다. 그럼에도 불구하고 내 가 삼엽충을 사랑했다고 착각했던 이유는 지루하고 재미없던 지 질 시대 이야기에 느닷없이 생물이 출현했기 때문이다. 그것이 바로 고생대를 상징하는 삼엽충이었다.

전 세계 고생대 지층에서 삼엽충의 화석이 발견되기 때문에 삼엽충은 고생대를 알려 주는 표준 화석이기도 하다. 만약 어떤 지층을 오래된 순서대로 조사하는데 도중에 삼엽충 화석이 나왔다면 그쯤부터 고생대라고 보아도 좋다는 뜻이다. 삼엽충은 얼추 3억 년간 지속된 고생대 내내 훌륭하게 살아남았다. 그렇다고 한 종이 그토록 오랫동안 멸종하지 않고 살았다는 뜻은 아니다. 삼엽충은 손톱보다 작은 것부터 전체 길이가 70센티미터에 이르는 것까지 크기가 다양했고 머리에 이상한 장식을 단 것, 침을 닮은 몇 쌍의 꼬리를 가진 것, 아주 단순하게 타원형으로 생긴 것 등 겉모습도 천차만별이었다. 등 부분에는 껍질이 있으나 배 부분은 상대적으로 약했고 여러 쌍의 다리를 지니고 있었다.

현생 딱정벌레 중에는 적을 만나면 약한 배를 보호하기 위해 몸을 말아 머리와 꼬리를 붙이고 동그란 공 모양으로 웅크리는 것들이 있다. 삼엽충 역시 이런 능력을 가진 종이 있었다. 몸집이 큰 삼엽충은 잡아먹힐 염려가 적으니 이런 기능이 필요 없었을지도 모른다. 내 옆으로 길이가 70센티미터에 우주 비행선을 닮은 삼엽충이 지나간다고 상상해 보라. 길이는 내 키보다 작을지라도 폭은 내 몸보다 넓고, 몸 아래에 마디진 여러 쌍의 부속지*가 달려 있어 질

---

* 동물의 몸통에 가지처럼 붙어 있는 기관이나 부분.

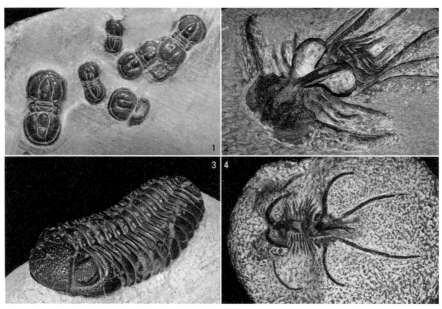

고생대를 대표하는 동물인 삼엽충은 다양한 종이 화석으로 남아 있다.
1 이타그노스투스. 2 디크라누루스. 3 파콥스. 4 케르타르게스.

서 정연하게 노를 저으며 나아간다. 몸집이 큰 삼엽충은 가만히 있
어도 상대방에게 공포감을 주며 주눅 들게 만들 것이다. 만약 커
다란 삼엽충을 만난 것이 손바닥만 한 삼엽충이라면 이 가엾은 작
은 생물은 그냥 도망쳐야 한다. 잡히면 그길로 끝이다. 크기가 작
은 삼엽충들은 가능한 모든 방법을 동원해 자신을 지켜야 살아남
았으므로 빠른 수영 실력과 몸을 마는 능력을 갖추게 되었다. 그리
고 그 능력은 자손에게 이어졌고 그러다 새로운 능력을 지닌 자손
도 태어났다. 삼엽충이 3억 년 동안 지구의 바다에서 성공적으로

살아갔다는 것은 다양한 삼엽충이 바통을 넘겨받으며 생존 능력이 이어 갔다는 뜻이다.

20세기 초, 미국 스미스소니언 연구소 소장이며 캄브리아기 지층에 관해서 가장 권위 있는 지질학자였던 찰스 월컷이 삼엽충에 관심을 둔 것은 당연했다. 전 세계 캄브리아기 지층에서는 어김없이 삼엽충 화석이 발굴되는 덕에 표본이 많아서 연구하기 좋았고, 가치 또한 고생대의 표준 화석으로서 충분했다. 1909년 월컷이 가족들을 데리고 캐나다 브리티시컬럼비아 주에 있는 요호(Yoho) 국립 공원으로 탐사를 간 것은 삼엽충 화석을 더 많이 찾기 위해서였다. 월컷과 동료들이 삼엽충 화석을 찾아 헤매던 곳은 필드 산과 왑타 산 사이에 있는 버제스 셰일층이었는데, 바로 이곳에서 그들은 뜻하지 않게 엄청난 발견을 한다.

여기서 잠시 새롭게 등장한 퇴적암 셰일에 대해서 알아보자. 셰일과 처트. 고생물을 공부하려는 사람은 절대 피해 갈 수 없는 퇴적암이다. 호수든 바다든 갯벌이든, 물속 바닥에는 무언가가 끊임없이 가라앉는다. 화산이라도 폭발하면 화산에서 날아온 부스러기가 물로 뛰어들고 화산재도 수면으로 내려앉아 천천히 가라앉는다. 가끔 홍수가 육지를 휩쓸고 오면, 또 갖가지 퇴적물이 물속으로 가라앉아 쌓인다. 이렇게 온갖 물질이 바닥에 차곡차곡 쌓이면 아랫부분이 눌려 단단한 돌, 그러니까 퇴적암이 된다.

셰일은 지질학에서 쇄설성 퇴적암으로 분류하며 아주 고운 입자들로 이루어져 있다. 판 모양으로 잘 쪼개지는데, 어떤 것은 쪼개진 면이 평평하고 매끄러워 유럽에서는 잘 손질해서 석판화를 찍는 데 써 왔다. 셰일은 탄소 함량이 많을수록 검은색을 띠지만 갈색이나 붉은색인 경우가 많다.

셰일 속 탄소는 유기물에서 온 것일 확률이 크다. 다시 말해 식물이나 미생물 같은 생물체에서 비롯되었다는 뜻이다. 고생물학자들이 셰일을 사랑하는 까닭은 퇴적층 사이에 화석이 끼어 있는 경우가 많기 때문이다. 셰일의 고운 입자들은 사체를 완벽하게 둘러싸 산소와 접촉을 막아 준다. 그 덕에 생물의 사체는 공기 중에서라면 썩고 분해되어 흔적조차 사라질 만큼 긴 시간이 지나도 거의 썩지 않은 채 진흙 속에 묻혀 있다. 그리고 갯벌 속에 풍부하게 있는 광물이 오랜 시간에 걸쳐 생물의 단단한 부위 속 구석까지 파고들어 절대 썩지 않는 돌로 거듭나게 만든다. 그 결과 우리는 이제는 사라진 어떤 생물의 몸체가 고스란히 담긴 화석을 손에 넣을 수 있다.

다시 월컷의 이야기로 돌아가자. 일화에 따르면 연구 기간이 끝나 탐사지를 떠나기 며칠 전 월컷의 부인이 셰일층에서 미끄러져 언덕 아래로 굴렀는데, 거기서 우연히 한 번도 보지 못했던 동물의 화석을 발견했다고 한다. 1823년 공룡의 화석을 처음 알아본 것은 맨텔이지만 이구아노돈의 이빨 화석을 발견한 사람은 남편을 기다리며 산책하던 맨텔의 아내였다는 사실을 떠올리면 결론은 하나, 고생물학자가 훌륭한 발견을 하려면 어딜 가든 아내와 동행해야 된다는 사실이다. 물론 많은 남성 고생물학자들은 동의하지 않을지도 모르지만 말이다.

월컷의 딸은 엄마가 넘어진 곳에 있었던 화석을 보고는 마치 새우처럼 생겼다고 좋아했다. 삼엽충 대신 신기하게 생긴 화석을 본 월컷은 새우와 닮은 화석의 생김새를 그리고는 '레이스 달린 게'라고 적었다. 새우 혹은 게로 여겨졌던 동물의 이름은 마렐라(Marrella). 버제스 셰일에서 발견된 화석 중 37.5퍼센트를 차지할 정도로 흔하게 볼 수 있는 동물이다. 마렐라는 길이가 2센티미터 정도이며, 몸통과 여러 개의 다리에 마디가 있는 절지동물이다. 물에 떠다니는 작은 생물을 먹었고, 그 자신은 더욱 큰 생물의 먹이였음이 분명하다. 고생물학자들은 이 원시적인 절지동물이 나중에 갑각류, 협각류, 삼엽충 같은 해양 절지동물 중 하나로 이어졌다고 추측하지만 상관관계가 확실히 밝혀지지는 않았다.

연구 기간이 끝나 미국으로 돌아간 월컷은 이듬해에 다시 버제스 셰일층으로 돌아와 신기한 생물의 화석이 있는 암석들을 채집했다. 그 과정에서 월컷은 셰일층의 노두*가 잘 드러나도록 폭약을 썼는데 그때 부서진 돌들이 탐사지 앞에 쌓였다가 언덕 아래로 굴러떨어져서 뜻하지 않게 장벽처럼 되었다. 시간이 흐르면서 후배

● 광맥, 암석, 지층, 석탄층 등이 지표로 드러난 부분. 광석을 찾는 데 중요한 실마리가 된다.

버제스 셰일 화석군 중에서 가장 많은 수를 차지하는 마렐라의 화석.

답사자들이 버린 셰일 조각들까지 보태져 이 장벽은 점점 커졌다. 그런데 돌을 쪼개는 기술이 더욱 발달하자 장벽의 작은 암석 속에서도 훌륭한 화석이 발견되었다. 이 돌무더기가 여러모로 쓸모 있었던 셈이다. 백여 년 동안 여러 차례에 걸친 탐사 작업으로 버제스 셰일층의 탐사지가 거의 전부 노출된 지금, 이 돌무더기는 중요한 학술 자료가 되었다. 캐나다 정부는 고생물의 성지를 보호하기 위해 경비를 세우고 허가받은 사람만 드나들 수 있도록 제한하고 있다. 그 덕분에 버제스 셰일층과 주변을 둘러싼 지층은 무너지지 않은 채 잘 보존되고 있고, 이곳의 화석 또한 암거래되지 않고 있다.

월컷은 버제스 셰일층에서 채집한 3만 개에 이르는 암석을 미국으로 보냈고, 그 속에서는 6만 5천 점에 이르는 화석이 나왔다. 이 화석들이 놀라운 것은 딱딱한 부위가 없어 화석으로 남기 어려운 연체동물까지도 5억 1천 5백만 년 전 모습 그대로 보존되어 있다는 점이다. 어떻게 이런 화석이 남을 수 있었을까?

버제스 셰일층이 만들어진 곳은 5억 년 전에는 바닷속이었다. 그런데 이 바닷속의 모습에 약간 설명을 보태야 한다. 이곳에는 산호초 같은 초가 오랫동안 형성되어 있었다. 그런데 어느 날 이 초가 수직으로 잘렸다. 그러면서 깊은 바다 쪽에 있던 초가 무너져 내려 느닷없이 절벽이 생겼다. 바닷속에 절벽이 생기거나 말거나 육지에서는 아주 고운 진흙이 끊임없이 바다로 흘러들어 와서 일부는 절벽 끝에 쌓이고 일부는 절벽 아래로 떨어져 바닥에 쌓였다. 절벽 끝은 고운 흙이 두껍게 쌓인 덕에 당시 생물들의 좋은 안식처가 되었다.

흙을 파고 들어가 몸을 숨긴 채 지나가는 먹이를 잡아먹던 오토이아(Ottoia), 위로 솟은 가지가 여러 개 있던 해면동물 바욱시아(Vauxia)를 비롯해 각종 삼엽충과 식물들이 절벽 끝의 두툼한 진흙 위에서 살아갔다.

그러던 어느 날 지진이나 큰 폭풍 또는 홍수 때문에 평소보다 많은 진흙이 바다로 쓸려 내려왔고, 그 탓에 절벽 끝에 아슬아슬하게 얹혀 있던 진흙층이 통째로 절벽 아래로 떨어졌다. 아무것도

오토이아의 복원도.　　　　　　바욱시아의 복원도.

모르고 절벽 끝에서 살던 식물과 동물들은 절벽 아래 바닥에 있
던 또 다른 진흙층 위로 떨어져 샌드위치처럼 끼어 버렸다. 이 사
건은 아마 눈 깜짝할 사이에 벌어졌을 것이다. 그래서 이곳의 생물
들은 도망칠 틈도 없이 살아가던 모습을 그대로 간직한 채 화석이
된 것이다. 고운 진흙층이 산소를 차단한 환경에서 생물의 사체는
썩기 전에 광물로 치환되어 믿기 어려울 정도로 정교한 화석이 되
었다. 어떤 화석에는 일부가 부패된 사체에서 부패액이 나오는 순
간까지 고스란히 남기도 했다. 다만 생물들이 진흙 사이에 눌린 채
화석이 되었기 때문에 대부분 납작해 보이긴 한다.
　버제스 셰일층에서 발견된 생물들을 보노라면 생물 실험장을

견학하는 듯하다. 그 가운데 눈길을 끄는 것은 단연 오파비니아 (Opabinia)다. 외계에서 왔을 것 같은 이 생물은 눈이 5개나 있고 머리끝에는 기다란 주둥이가 나와 있는데 마치 날카로운 이빨이 난 청소기 흡입구처럼 생겼다. 몸통은 체절이라 불리는 마디 15개로 이루어졌고, 마디마다 노와 비슷하게 생긴 엽이 한 쌍씩 달려 있으며, 엽 윗면에는 얇은 판 모양의 아가미가 있다. 헤엄칠 때는 이 엽들이 리드미컬하게 움직였을 것이고, 엽 사이로 빠져나가는 바닷물에서 산소를 얻었을 것이다. 꼬리에는 세 쌍의 부채가 달려 있는데 오늘날 모든 동물의 꼬리가 그렇듯 방향타 역할을 했을 것이다. 이 이상하게 생긴 생물은 과연 어떤 생물의 조상일까? 고생물학자들은 오파비니아가 갑각류, 삼엽충, 환형동물, 절지동물의 공통 조

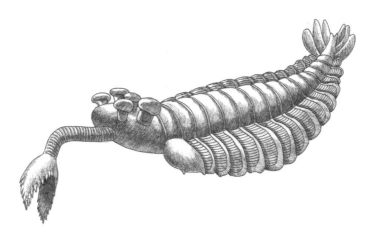

오파비니아의 복원도. 머리 위에 달린 5개의 눈과 길게 뻗어 나온 입이 눈에 띈다.

상일 것이라고 가정하여 연결 고리를 찾으려고 애썼지만 아직까지 명확한 관계가 밝혀지지는 않았다. 다시 말해 오파비니아의 정체는 불분명하다.

다음으로 관심을 끄는 동물은 그 당시 최상위 포식자로 알려진 아노말로카리스(Anomalocaris)다. 몸길이는 최대 50센티미터에 이르고 거대한 가시로 뒤덮인 다리와 이빨이 무수히 많은 동그란 입이 특징이다. 입 입구에서 안쪽으로 줄지어 난 톱니 같은 이빨은 순차적으로 먹이를 부수고 당기는 역할을 했는데, 절지동물의 단단한 외피도 쏘샐 수 있었다. 실제로 아노말로카리스에게 외골격을 물어 뜯겼으나 구사일생으로 살아남은 삼엽충의 화석이 버제스 셰일층에서 발견되었다. 이 삼엽충은 옆구리에 상처가 아문 흔

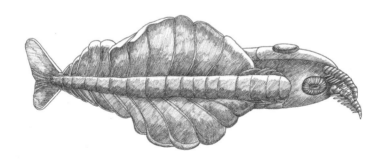

아노말로카리스를 아래에서 올려다본 그림. 둥근 입 안쪽에는 톱니 같은 이빨이 가득했다.

적이 생생히 남아 있다. 물론 간
신히 살아남은 보람도 없이 진흙
더미와 함께 절벽 아래로 떨어져
우리에게 귀중한 정보를 알려 주
는 신세가 되었지만 말이다.

아노말로카리스의 몸통 역시
체절로 이루어져 있고 마디마다
한 쌍씩 달린 엽이 노 역할을 하
며 헤엄쳤다. 버제스 셰일층의
동물들이 대부분 수 밀리미터에
서 수 센티미터 정도로 작은 것

아노말로카리스에게 물려서 껍질이
뜯긴 것으로 추정되는 삼엽충 화석.

을 고려하면 아노말로카리스가 얼마나 무서운 포식자였을지 충분
히 짐작할 수 있다. 체절마다 돋은 노를 소리 없이 저으며 다가오
는 거대한 포식자를 상상해 보라. 이들에게서 살아남는 방법은 빨
리 도망치거나 빨리 숨거나 아예 포식자보다 커지는 것뿐이다. 한
때 바다를 지배했던 아노말로카리스 역시 오늘날의 어떤 생물과
도 상관관계가 밝혀지지 않은 신기한 동물이다.

월컷이 활약했던 버제스 셰일층 외에 캐나다 북서부의 그레이
트베어 호수 근처에서는 5억 2천 5백만 년 전에 살았던 위왁시아
(Wiwaxia)가 발견되었다. 등에 아주 억센 털이 빽빽하게 솟아 있어
서 초등학생들은 이 고생물을 고슴도치라고 부르기도 한다. 위왁

시아 화석의 놀라운 점은 어찌나 잘 만들어졌는지 100나노미터에 불과한 미세한 구조까지도 알아볼 수 있다는 것이다. 사실 위왁시아의 화석은 월컷의 표본 중에도 있다. 다만 그레이트베어 호수의 화석은 버제스 셰일 화석군보다 천만 년 전에 만들어진 것이다. 비록 종이 다르긴 하지만 두 화석을 통해 우리는 버제스 셰일에 남겨진 이상한 동물들이 잠시 나타났다가 사라진 것이 아니라 적어도 천만 년 동안은 얕은 바다를 여유롭게 거닐었다는 사실을 알 수 있다. 이런 사실은 중국의 첸장에서 발견된 캄브리아기 동물

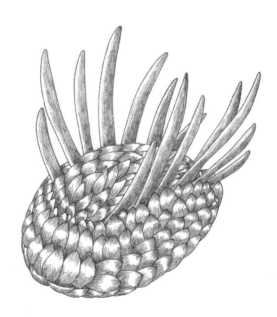

위왁시아의 복원도.

화석을 보면 더욱 분명해진다. 첸장 화석군 역시 버제스 셰일 화석 군보다 천만 년 앞선 것인데 삼엽충을 포함해 매우 다양한 형태의 동물들을 찾아볼 수 있다.

10
수정 눈

선캄브리아대에 살았던 에디아카라 동물군 이후 지층에서 대규모 생물군이 보이지 않다가 고생대 캄브리아기에 한꺼번에 많은 생물이 나타난 것을 두고 '캄브리아기 폭발'이라고 한다. 보통 폭발이라면 순간적이지만 캄브리아기 폭발은 5억 4천 3백만 년 전부터 약 5백만 년간 이루어졌다. 인간에게 5백만 년은 매우 긴 시간이지만 지질학적으로 본다면 한순간과 같다. 그래서 과학자들은 생물이 '갑자기' 나타났다고 말한다. 그러나 생물은 하늘에서 뚝 떨어지듯 생겨나지 않는다. 에디아카라 동물군과 버제스 셰일 화석군 사이에 살았던 생물의 화석이 드문 이유는 생물의 몸이 부드러웠기 때문일 가능성이 크다. 몸에 딱딱한 부분이 없다면 에디아카라나 버제스처럼 아주 운 좋은 퇴적 환경이 아닌 한 화석으로 남을 수 없기 때문이다.

선캄브리아대에 살았던 생물 중 특히 동물은 내부 구조, 이를테면 소화, 호흡, 순환에 관한 설계가 이미 완성되어 있었다. 다시 말해 먹고, 소화하고, 에너지를 만들고, 성장하고, 번식하는 과정이 다 이루어졌다는 뜻이다. 9억 년 전부터 5억 년 전에 이르는 긴 시간 동안 동물들은 살아가는 방법을 체득해 갔다. 그러나 그동안 동물들은 외형을 튼튼하게 만드는 데는 별 관심이 없었던 것 같다. 몸체는 최소한의 보호 작용만 하도록 설계했고 물과의 접촉을 쉽게 하기 위해 딱딱한 외피 같은 것도 두르지 않았다.

그런데 무슨 이유에서인지 캄브리아기에 이르자 동물들은 겉모습에 신경 쓰기 시작했다. 단단한 갑옷은 기본에 털을 세게 강화해 가시를 만들었고, 그것들을 부술 수 있는 뾰족하고 강한 이빨도 돋아났다. 동물의 몸에 단단한 부분이 생기니 화석이 만들어지기도 수월해졌다. 그래서 이전 시기에 비해 캄브리아기 동물은 화석으로 많이 남을 수 있었다. 우리는 화석만 볼 수 있기에 캄브리아기에 동물이 갑자기 많이 나타났다고 생각하는 것이다.

그렇다면 궁금한 점은 하나다. 동물들은 왜 겉모습에 정성을 들이기 시작한 것일까? 왜 강한 외피를 두르는 것이 유행했을까? 고생물학자들은 바로 눈이 생겼기 때문이라고 추정한다.

나는 초등학생들을 위한 강연에서 에디아카라 동물군의 복원도를 보여 주고 감상을 물은 적이 있다. 청중은 저학년과 고학년이 마구 섞여 있었는데, 고학년생들은 고생물에 대해 꽤나 해박했다. 네모난 안경을 쓰고 척 보기에도 책깨나 읽었을 것 같은 고학년생들은 스트로마톨라이트에 대해서 묻는 족족 훌륭하게 대답했다. 그런데 에디아카라 동물군을 본 느낌이 어떠냐는 질문에는 입을 꾹 다물고 아무 말도 하지 않았다. 난 그저 느낌을 물었을 뿐인데, 이미 많은 것을 아는 고학년생에게는 오히려 어려운 질문이었나 보다. 느낌이라니, 답이 하나가 아니라서 그런 것일까? 잠깐 침묵이 흐른 뒤 맨 앞에 앉아 있던 저학년으로 보이는 여자아이가 기어들어 가는 목소리로 말했다.

"눈은 어디 있어요?"

디즈니의 백설 공주가 그려진 옷을 입고 두 눈을 반짝이던 아이의 질문에 흥분한 나는 속사포로 눈에 대해 설명했다. 지금까지 발견된 화석 가운데 눈을 가진 동물로 가장 오래된 것은 5억 4천 3백만 년 전에 살았던 삼엽충이다, 다시 말해 에디아카라의 동물들은 눈이 없었다, 그래서 그들은 그저 오며 가며 걸려드는 먹이를 먹었다, 그런데 당시에는 눈이 없어도 잘 살 수 있었다, 이런 설명을 숨도 쉬지 않고 말했다. 두 눈을 끔뻑이던 어린 질문자는 내 설명을 전혀 이해하지 못했다. 여자아이는 나에게 다시 질문했다.

"그래서 눈은 어디 있는데요?"

동물에게 눈이 언제 어떻게 생겼는지는 아무도 모른다. 그러나 확실한 것은 캄브리아기가 시작된 5억 4천 3백만 년 전에 이미 눈이 있는 삼엽충이 살았다는 사실이다. 앞서 설명했듯 삼엽충은 몸이 마디지고 껍질이 단단한 절지동물로 나중에 갑각류, 곤충, 바다거미, 거미 등에게 자신의 유전자를 전달했다. 그리고 가장 중요한 것, 눈을 물려주었다. 물론 눈이라 부를 수 있는 부위를 최초로 가진 동물은 삼엽충이 아닐지도 모른다. 그러나 우리가 증거로 꼽을 수 있는 화석이 삼엽충뿐이므로 가장 처음 눈다운 눈이 달린 동물로 삼엽충을 드는 것이다.

삼엽충의 눈은 방해석 결정으로 만들어진 작은 렌즈가 여러 개 모여 있는 겹눈이다. 방해석은 탄산칼슘으로 이루어진 덩어리로 지구 상 어디에서나 쉽사리 찾아볼 수 있다. 삼엽충은 탄산칼슘이라는 흔한 재료를 서서히 결정화해서 투명한 렌즈로 만들었다. 그런데 이런 방식으로는 렌즈의 크기를 키우기 힘들었는지 작은 낱눈을 여러 개 이어 붙여 겹눈으로 만들었다. 낱눈을 배열하는 방식은 종마다 달라서 낱눈이 그냥 주욱 늘어선 것, 기왓장처럼 일부가 겹친 것, 낱눈 모양이 육각형이 아니고 원통형인 것 등 형태가 아주 다양했다. 그러나 같은 겹눈이라도 요즘 곤충의 겹눈과는 기능과 정교함에서 차이가 많았다.

또한 삼엽충은 종마다 눈의 위치도 달랐다. 두 눈이 양쪽으로 벌어져 좌우만 볼 수 있는 것, 위에 달린 것, 아래로 달린 것, 나아가 눈이 하나만 있는 것까지 삼엽충의 서식처와 행동 양식에 따라 눈

삼엽충의 겹눈은 여러 개의 작은 낱눈으로 이루어져 있었다. 낱눈의 개수, 형태, 위치 등은 종마다 달랐다. 1 수천 개의 낱눈으로 이루어진 파랄레주루스의 눈. 2 비교적 적은 수의 낱눈이 모였지만 모두 개별적인 각막을 지녔던 파콥스의 눈.

의 위치와 형태가 제각각이었다. 좌우만 볼 수 있는 삼엽충은 넓은 시야를 이용해 적이 오는지 잘 살폈을 것이다. 눈이 이렇게 배치된 생물은 공격보다는 방어를 중요시하기 마련이다. 만약 공격이 우선이라면 두 눈이 앞을 향해서 먹이를 쫓는 데 집중할 수 있어야 한다. 눈이 위로 달린 삼엽충은 바닥을 기어 다니며 위쪽을 경계하거나 머리 위에 떠다니는 작은 먹잇감을 노렸을 것이다.

물론 빛이 스며드는 얕은 바다를 떠나 깊고 어두운 바다를 삶의 터전으로 선택한 삼엽충은 볼 필요가 없으므로 눈을 발전시키지 않았다. 아마 어떤 삼엽충은 어두운 곳에서 살며 시력을 스스로 없앴을지도 모른다. 이것은 퇴화라기보다 바뀐 환경에 적응하기 위해 필요한 기능을 더욱 발달시키고 필요 없는 기능은 간소하게 한 과정이라고 보아야 옳을 것이다.

삼엽충의 시력이 오늘날의 잠자리나 초파리처럼 뛰어났는지는 알 수 없다. 그러나 이 멸종한 절지동물의 눈이 너무나 형태가 다양한 걸 보면 당시 바다에서는 겹눈이 최신 유행이었다고 해도 무방할 것이다. 그런데 아무리 유행이라고 그렇게 뚝딱 눈을 만들 수 있을까? 이와 같은 의문에 답하기 위해 과학자들은 실험을 했다. 그 결과 빛을 감지하는 피부의 한 부분이 세대를 거듭할수록 기능이 개선되어 겹눈으로 진화하는 데는 백만 년이면 충분하다는 결론을 얻었다. 46억 년이라는 지구의 역사를 감안하면 백만 년은 눈 깜짝할 사이와도 같다. 그러니 일단 생물에 빛을 감지하는 세포 하나가 생기면 그것이 겹눈으로 탈바꿈하는 것은 그리 어렵지 않은 셈이다.

부드러운 몸을 지닌 동물들 사이에 눈이 달린 것과 그렇지 않은 것이 섞여 있다면 먹고 먹히는 과정에서 누가 유리할지는 불 보듯 뻔하다. 실제로 에디아카라 동물군 가운데는 몸이 13마디인 원시 삼엽충이 있다. 고생대에 살았던 후손과 다른 점이 있다면 부드럽고 탄력 있는 피부를 지녔다는 점이다. 머리에는 초승달 모양의 눈 자국이 있지만 빛의 유무를 감지할 수 있을 뿐, 뚜렷한 상까지 볼 수는 없었다. 우리가 눈을 감은 채 빛이 있는 쪽으로 머리를 돌리면 어두컴컴한 와중에 울긋불긋 반점이 떠오르듯 원시 삼엽충도 빛을 느끼기만 했을 것이다. 아마 색을 구분할 수 없어 주변이 흑백으로 보였을지도 모른다. 중요한 것은 이 원시 삼엽충이 어느 순간 눈을 뜨게 되었다는 점이다. 눈을 뜨니 단백질 덩어리들이 보였다. 더 이상 물결 따라 다니다 먹이가 걸려들기만을 바라지 않아도 된다. 그냥 보이는 대로 다가가서 먹으면 된다.

그러나 그때나 지금이나 먹고사는 것은 힘들었다. 처음 눈을 뜬 원시 삼엽충은 우리가 생각하는 것처럼 쏜살같이 달려가서 사냥을 할 수 없었다. 물살을 빠르게 가르고 나아갈 수 있는 지느러미가 없었고, 방향을 마음대로 틀 수 있는 꼬리도 없었다. 또한 근육을 힘차게 움직이려면 피를 온몸으로 빠르게 보내야 하는데, 그러기에는 순환계의 효율이 좋지 않았다. 한마디로 사냥을 하기에 적합한 몸을 아직 갖추지 못한 것이다.

눈을 뜨게 된 동물들은 헤엄치는 데 유리하도록 몸을 변형시켰다. 물론 여기서 변형이란 만화 영화의 한 장면처럼 순식간에 변하는 것이 아니라 세대를 거쳐 조금씩 바뀌었다는 뜻이다. 여러 마리의 새끼 가운데 유독 몸이 넓적해서 물결을 쉽게 타거나, 다리에 이상한 털이 더 나서 노를 잘 젓거나, 꼬리를 제어하는 능력이 뛰어나 원하는 방향으로 잘 나아간 녀석들이 더 많은 먹이를 잡아먹고 튼튼하게 자라 더 많은 자손을 남겼다. 그 밖에 날쌔게 헤엄쳐서 먹이를 낚아채기 좋은 단단한 부속지를 가진 개체도 태어났다. 이와 같은 일이 몇십, 몇백 세대 동안 계속되며 삼엽충은 먼 조상과 다른 행동 양식을 보이게 되었다.

포식자들 사이에서도 경쟁이 벌어져 상대적으로 약한 생물들은 원래 살았던 곳에서 밀려나 새로운 서식지를 개척해야 했다. 최상위 포식자가 아니라면 어디서든 잡아먹힐 염려가 있었고 먹잇감도 부족했다. 이래저래 작고 힘없는 생물만 불쌍한 셈이다. 더 강한 포식자에게 쫓겨 삶의 터전을 떠나야 했던 이 가엾은 포식자들은 아마 대부분 잡아먹히거나 달라진 환경에 적응하지 못하고 죽었을 테지만, 그 가운데 악착같이 살아남은 것들은 몇 세대를 거듭하면서 결국 새로운 서식지에 정착해 냈다.

한편 잡아먹히는 동물들도 가만히 있을 수는 없었다. 연약한 동물들이 사냥에 적합한 눈과 뛰어난 수영 실력으로 무장한 포식자에게 멸종당하지 않으려면 다음 세대를 더 많이 낳아야 했다. 또 빨리 도망갈 수 있어야 했다. 거기에 포식자가 먹기 힘든 단단한 피부까지 갖추면 더 좋았다. 분명 먹잇감이 되는 동물 가운데는 뜻하지 않게 형제들보다 빠르게 움직일 수 있고 피부도 딱딱한 개체가 태어났을 것이다. 이 미운 오리 새끼는 형제들이 포식자에게 사냥당하는 중에도 살아남아 다음 세대에게 자신의 능력을 물려주었을 것이다.

먹잇감들이 단단한 갑옷을 두르고 잽싸게 도망친다고 그저 포기할 포식자가 아니다. 포식자는 자신의 지위를 유지하기 위해 갑옷을 찢거나 뚫을 수 있는 무기를 발명했다. 바로 입에 이빨을 단 것이다. 그것도 하나둘이 아니라 입 입구부터 안쪽까지 여러 줄의 이빨로 무장했다. 먹이는 포식자의 입으로 빨려 들어가면서 찢기고 뜯어졌다.

앞선 내용은 상상이 아니다. 포식자와 먹잇감 사이의 치열한 전투 상황이 드러나는 화석을 어렵지 않게 찾아볼 수 있다. 삼엽충의 화석 중에는 몸이 반쯤 뜯겨 나간 것들이 흔하다. 몸이 마구잡이로 찢긴 것이 아니라 반원형 또는 W형의 톱니 모양으로 뜯겨 나갔는데, 누가 보아도 포식자가 물어뜯은 상처다. 흥미로운 점은 이와 같은 상처가 삼엽충의 오른쪽에 치우쳐 있다는 것이다. 이것은 90퍼센트의 사람이 오른손잡이에, 오른눈잡이라는 점을 생각하면 매우 자연스러운 현상이다.

여담이지만 사격을 배우러 가면 가장 먼저 내가 어떤 눈을 주로 쓰는지 시험해 본다. 가운데에 구멍이 뚫린 종이를 두 손으로 들고 팔을 뻗어 과녁과 겹친 뒤 두 눈을 뜬 채 구멍 안에 과녁이 들어오도록 맞춘다. 다음에는 오른쪽 눈만 뜨고 본다. 만약 과녁이 그대로 보인다면 오른눈잡이다. 만약 과녁이 구멍 안에 없다면 왼쪽 눈만 뜨고 본다. 그제야 과녁이 보인다면 왼눈잡이다. 생물이 눈을 뜬 이래 5억 년 넘도록 진화해 왔지만 동물마다 오른쪽이나 왼쪽을 선호하는 양상은 그대로 남아 있다. 삼엽충도 그랬다니 그저 놀라울 따름이다.

한편 버제스 셰일 화석군 가운데 위왁시아, 카나디아(Canadia), 마렐라 등은 피부에 분자 수준의 가는 줄이 있어서 햇빛을 반사했다. 이 동물들의 몸은 마치 햇빛에 비추면 무지개가 보이는 시디와 같았다. 얕은 바다에 살던 이 동물들은 햇빛의 방향에 따라 무지갯빛으로 어른거리기도 했고 빛을 강하게 반사하기도 했다. 이 때문에 포식자는 먹잇감의 형태를 제대로 알아보기 힘들었고 심지어 실제보다 크게 인식하기도 했다. 버제스 셰일 화석군의 동물들은 자신을 지키는 데 광학까지 이용한 셈이다. 생물에게 눈이 없었다면 이 모든 수단이 무슨 소용이었을까?

11
물 없는 세상

봄, 여름, 가을, 세 계절 동안 눈뜨면 하는 일은 마당에 나가 잡초를 뽑는 것이다. 처음에는 초록색 잔디만 있는 것이 좋아 잔디를 제외한 모든 풀을 집요하게 뽑았다. 그러다 잔디 사이에 난 노란 괭이밥이 예뻐서 뽑지 않고 두었더니 비만 오면 세력을 확장해 손바닥만 한 마당이 괭이밥 천지가 되었다. 이듬해에는 개불알꽃이라고 알려진 바람꽃을 그대로 두었는데 일주일 집을 비운 사이 바람꽃이 마당을 점령했다. 날마다 내가 원하지 않는 식물, 곧 잡초를 뽑으면서 드는 생각은 식물이 정말 위대하다는 것이다. 그렇게 뽑아도 다음 날이 되면 또 한 바구니가 뽑혀 나온다. 이삼일 관리하지 않으면 금세 저 광합성을 하는 능력자들이 자기네 마음대로 마당을 다스린다. 나는 호미, 낫, 삽, 갈고리 등 많은 도구를 가지고 덤비지만 도저히 당해 낼 수 없다.

잔디와 각종 잡초들 사이에는 지름이 1밀리미터밖에 안 되는 흙 덩이가 원뿔 모양으로 쌓인 무더기들이 있다. 지렁이 똥이다. 잘 모르고 밟으면 우리 집 마루 밑에 사는 고양이들 똥인지 뭔지 알 수 없을 정도다. 풀이 사라지면 지렁이들도 사라진다. 다시 말해 식물이 사라지면 동물도 사라진다. 지렁이와 고양이와 내가 공기를 마시며 살 수 있는 것은 순전히 식물 덕분이다. 만약 바다에서 태어나 광합성을 하던 저 풀들의 조상이 오르도비스기에 육지로 올라오지 않았다면 나 같은 척추동물이 육지에서 버틸 수 있었을까? 버티기는커녕 태어날 수조차 없었을 것이다.

우리 집 마당에서 발견한 지렁이 똥 무더기. 이런 작은 발견도 거슬러 올라가면 모두 고생대에 육지로 올라선 식물 덕분이다.

바다에 살던 식물이 육지로 올라가기 위해서는 몇 가지 해결해야 할 문제가 있었다. 가장 큰 문제는 물 밖이 매우 위험했다는 것이다. 태양은 폭넓은 파장대의 빛을 사방으로 내뿜는다. 태양 앞에서는 그저 물 묻은 작은 돌덩어리에 불과한 지구는 이 모든 빛에 노출되어 있다. 다행히도 지구는 커다란 자석과 같아서 지구 주변에 거대한 자기장이 형성되는데, 이 덕분에 아주 위험한 파장대의 빛들로부터 조금은 안전해질 수 있다. 그러나 가시광선보다 파장이 조금 짧은 자외선, 그보다 조금 더 짧은 엑스선은 자기장도 아랑곳하지 않고 지구 대기를 뚫고 들어와 육지와 바다에 융단 폭격을 퍼붓는다. 자외선과 엑스선 덕분에 육지와 바다 표면이 살균되는 것은 좋지만, 그 말은 곧 몸집이 작은 생명체는 물 밖에서 살 수 없다는 뜻과도 같다.

자외선과 엑스선은 무협지에 등장하는 자객들의 작은 표창과 비슷하다. 날아다니는 작고 날카로운 자외선 칼날은 세포 속까지 거리낌 없이 침입해 세포들이 소중하게 간직하고 있는 DNA를 무자비하게 끊어 놓는다. 그렇다고 세포가 그냥 당하지만은 않는다. 세포는 자기 나름대로 빠르게 복구 명령을 내려 끊어진 분자들을 수선한다. 그러나 그것도 한두 번이지 DNA가 연달아 손상되면 부상을 극복하는 데 너무 많은 에너지를 써서 더 이상 살아가지 못한다. 혹시나 살아남은 세포가 있더라도 유전자를 복구하는 과정에서 실수를 저질러 엉뚱한 곳에 풀칠을 해 잘못 붙이는 경우가 빈번하게 일어난다. 결국 그 자손은 모습이 이상해지거나 에너지를 제대로 생산하지 못하거나 자손을 만드는 능력을 잃어버려서 대를 잇지 못하기도 한다. 지구 상 최초의 생물이 바다에서 등장한 이유는 바닷물이 이 위험한 빛들을 막아 주었기 때문이다.

그러다 지구 대기에 놀라운 일이 벌어졌다. 대기 중 산소들이 오존층을 형성한 것이다. 성층권에 자리 잡은 오존층은 자외선과 엑스선을 차단하는 자연 보호막이 되었다. 따지고 보면 오존층의 산소들 역시 바닷속에서 20억 년 넘게 열심히 활동한 광합성 능력자들의 작품이다.

태양에서 날아오는 무서운 빛으로부터 지켜 주는 방패가 생기자 바닷속 식물은 드디어 땅으로 올라설 수 있었다. 그러나 또 다른 문제에 부딪혔다. 물속에서 부력으로 몸을 지탱하던 식물은 육지에서는 스스로 몸을 세워야만 했다. 또 공기 중에서 몸이 마르지 않도록 보호할 수단이 필요했다. 식물은 중력과 탈수 문제를 해결하지 않고는 물 밖으로 나갈 수 없었다.

아마 바닷속 식물 가운데는 바닷물이 한 번 거른 빛이 아닌, 있는 그대로의 직사광선을 온몸으로 받아들이고 싶어 하는 호기로운 존재들이 있었을 것이다. 물론 실제로는 아무것도 몰라서 육지에 올라섰거나 힘센 세력에 밀려 육지로 쫓겨났을 가능성이 크지만. 아무튼 그 용감한 식물들은 살인적인 빛, 스스로 서지 못하는 몸, 몸에서 물이 빠져나가는 증상을 견디지 못해 그 자리에서 죽거나 가까스로 살아남더라도 자손을 남기지 못해 대가 끊겼다. 그러나 끊임없는 시도 끝에 놀라운 결과를 낳았다. 몇몇 식물이 성공적으로 육지에 올라선 것이다. 언제 어디서나 어떤 경우에도 포기하지 않고 계속하는 것이 중요한 법이다.

개척자들이 바다에서 육지로 진출하는 일은 녹록지 않았다. 식물이 저벅저벅 걸어 단숨에 육지로 올라섰을 리는 없고, 반드시 중간 단계를 거쳐야 했는데 그것이 바로 담수, 곧 소금기 없는 물이다. 지구의 역사를 살펴보면 해수면은 수시로 오르락내리락했다. 바닷물이 내륙으로 들어왔을 때 덩달아 딸려 온 남조류는 바닷물이 빠지자 커다란 호수에 갇히는 신세가 되고 말았다. 물에 소금기가 남아 있을 때는 바다와 별다르지 않았다. 그러나 육지에서 흘러온 담수가 보태지면서 호수의 물은 점점 싱거워졌고 남조류는 고생 끝에 점차 담수에 적응했다.

오르도비스기에 육지로 올라선 식물은 이끼와 비슷하며 축축하고 그늘진 곳에 자리를 잡았다. 그러나 그들은 아직 몸을 지탱할 단단한 부분이 없어서 땅에 들러붙을 수밖에 없었고, 물과 양분을 몸 구석구석으로 운반할 줄 몰라서 늘 물 가까이 있어야 했으며, 자손을 남기는 데도 애먹었다.

그럼 이쯤에서 오늘날 과학자들이 무엇을 식물이라고 부르는지 살펴보자. 식물이란 엽록소를 이용해 광합성을 하는 진핵생물로 몸속에 녹말을 저장하며, 모체 식물로부터 생긴 배에서 자식 식물이 태어나는데, 배는 모체 식물이 만든 조직에 둘러싸여 보호받는다. 현존하는 식물은 크게 12개의 문으로 나뉘지만 여기에 오늘날 사라진 식물은 포함되지 않는다. 그러므로 얼마나 많은 식물문이 지구 상에 나타났다 사라졌는지 아는 사람은 한 명도 없다. 그나마 화석을 열심히 들여다보면 조금 더 알아낼 수는 있겠다.

전체 식물은 크게 관속 식물과 비관속 식물로 나뉜다. 관속 식물에는 물과 양분이 이동하는 통로가 있으며, 그 통로를 만들기 위해 세포들이 기능별로 분화되어 있다. 우리 눈에 띄는 꼿꼿하게 서 있는 대부분의 식물이 관속 식물이다. 관속 식물은 다시 씨앗을 남기지 않는 비종자식물과 씨앗을 남기는 종자식물로 나뉜다. 또 종자식물은 씨가 밖으로 드러난 겉씨식물과 꽃을 피우고 씨를 씨방에 숨기는 속씨식물로 구분된다.

비관속 식물은 물과 양분을 스스로 이동시키지 못하는데, 우산이끼와 붕어마름 등이 이 부류에 속한다. 가장 처음 바다에서 육지로 올라온 개척자들은 이와 비슷한 비관속 식물이었을 것이다. 이들은 아직 작고, 온몸으로 광합성을 하며, 잎이 없었다. 작고 가늘고 다소 연약한 식물들이 육지에서 쓰러지지 않으려고 온갖 수단을 다 썼을 것이다.

비관속 식물이 육지에서 맞닥뜨린 가장 큰 문제는 번식이었다. 물속에서는 걱정이 없었다. 사방이 물이었기에 정자를 많이 풀어놓는 인해 전술을 쓰기만 하면 그중 몇몇이 난자와 만나 다음 세

우산이끼(왼쪽)와 붕어마름(오른쪽). 오늘날에도 쉽게 볼 수 있는 비관속 식물로, 여전히 물에 기대어 살 수밖에 없다.

대의 출발이 될 배를 만들어 냈다. 그러나 물 밖에서 그 방법은 쓸 수 없었다. 육상 식물의 원조들은 궁리 끝에 번식을 위해 두 단계의 삶을 살도록 자신들의 몸을 재설계했다.

우리가 보통 떠올리는 이끼의 성체 모습을 전문 용어로는 포자체라고 한다. 이런 이름으로 불리는 이유는 비관속 식물의 끝에 포자낭이 붙어 있기 때문이다. 적당한 환경이 되면 포자낭이 갈라지고 그 속에서 유전자를 절반만 가진 포자가 나온다. 이 포자는 우리가 아는 씨앗과는 다르다. 씨앗에는 그 식물의 정체성을 알려 주는 유전자가 다 담겨 있지만, 포자에는 유전자가 절반만 있다. 포자가 싹을 틔우면 초록색 잎이 어긋나기로 난 작은 배우체가 자란다. 배우체라는 이름이 붙은 이유는 그 안에 난자를 품은 장란기와 정자를 만드는 장정기가 있기 때문이다. 정자와 난자는 포자가 그렇듯이 유전자를 절반만 가지고 있어서 배우체를 반수체라고 부르기도 한다. 포자에서 시작해 난자와 정자가 수정되기 직전까지의 시기를 배우체 세대라고 한다.

포자체와 배우체가 뚜렷이 구분되는 솔이끼. 솔잎처럼 생긴 배우체에서 뻗어 나온 포자체의 끝에 포자낭이 달려 있다.

　배우체는 아직 온전한 이끼가 아니다. 정자가 헤엄쳐 난자가 있는 장란기까지 도착해 수정을 해야 비로소 유전자를 온전히 다 갖춘 배, 곧 알을 만들 수 있다. 문제는 바로 이 과정이다. 정자가 난자에게 헤엄쳐 가려면 반드시 물이 필요하다. 그나마 다행스러운 것은 아침 이슬 한 방울만 배우체의 장정기에 떨어져도 얼마든지 수정할 수 있을 만큼 이 식물의 몸집이 작다는 점이다. 또 바로 이런 한계 때문에 물에 의지해서 수정하는 방식을 유지한 채로는 큰 식물로 진화할 수 없다.

　수정에 성공하면 유전자가 다 담긴 배가 생기고, 배에서 삐죽하게 대가 솟아난 뒤 그 끝에 포자낭이 달린다. 포자낭이 달린 시기를 포자체 세대라고 하며 이 포자낭이 열리면 다시금 다음 세대가 될 포자가 나온다. 성체인 포자체에는 오직 포자낭과 포자낭을 받치는 대밖에 없다. 다시 말해 포자체는 스스로 영양을 만들어 낼 수 없다. 포자체가 포자를 만드는 데 필요한 영양은 그 아래에 있는 잎처럼 보이는 배우체가 공급한다. 비관속 식물의 포자체는 스스로 독립해서 살 수 없고 배우체가 제공하는 영양에 기대어 살 수밖에 없다. 포자에서 싹이 터서 새로운 포자낭이 형성될 때까지 한 세대가 지속되는 동안, 배우체와 포자체는 떨어지지 않고 같이 산다. 물론 다음 세대도 그렇다.

물을 떠나서는 살 수 없는 비관속 식물이 선택한, 배우체와 포자체라는 두 단계를 거쳐야만 다음 세대로 나아갈 수 있는 전략은 분명 씨를 만드는 것에 견주면 복잡해 보일지 모른다. 그러나 이 방법이 마냥 나쁘지만은 않은 모양이다. 우리 집 북쪽 마당에 있는 계단 옆 그늘진 곳에는 손바닥만 한 넓이로 우산이끼가 살고 있었는데 몇 년째 영역이 변하지 않았다. 애초에 우리 집은 정남 방향에서 10도 정도 서쪽으로 틀어져서 건물의 동서남북이 모두 골고루 햇빛을 받았다. 그런데 2년 전 우리 집 서쪽 언덕에 3층짜리 다세대 주택이 들어서면서 북쪽 마당에 해 드는 시간이 하루 평균 20분 정도 줄어들었다. 봄이 오고 날이 따뜻해지자 우산이끼가 눈에 띄게 세력을 넓혀 갔다. 비가 한 번 오면 푸른 부분이 더 늘어났

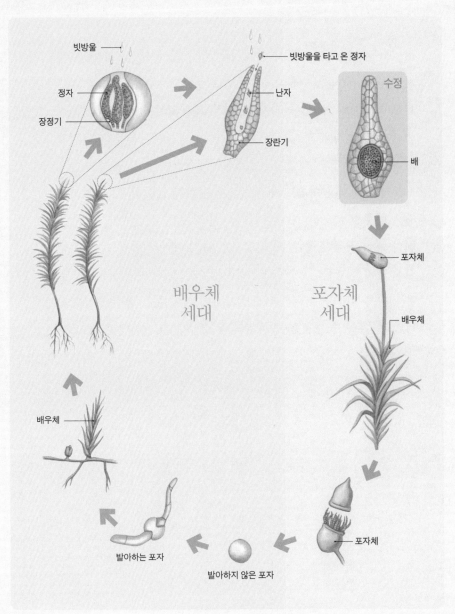

비관속 식물의 번식 과정을 묘사한 그림.

다. 게다가 빈터였던 북쪽 택지에도 집이 들어서는 바람에 한 골목 건너의 집 유리창에서 반사되어 오던 빛마저 사라졌다. 결국 북쪽 마당에는 늘 그늘이 지어서 햇빛 때문에 물이 증발할 걱정이 없어졌다. 그 덕분에 뒷마당 우산이끼의 서식지는 해마다 넓어지고 있다.

설사 물이 마르더라도 비관속 식물은 죽지 않는다. 그냥 신진대사를 멈추고 조용히 기다린다. 그렇게 몇 년을 견딜 수도 있다. 그러다 물이 풍부한 좋은 세상이 오면 다시 깨어나 활개를 치며 열심히 포자를 만든다. 물이 풍부하지 않아도 된다. 아침 이슬 한 방울이면 충분하다. 이들은 4억 년 가까이 이와 같은 방법으로 살아남았다. 과연 누가 비관속 식물의 번식 방법을 원시적이라고 할 수 있을까?

12
뿌리와 잎

처음에는 버섯인 줄 알았다. 지루한 겨울이 가고 봄이 올까 말까 망설이고 있을 즈음, 서쪽 마당에 쇠뜨기의 생식성 줄기가 마구 솟아났는데 멀리서 보면 꼭 날씬한 버섯 머리 같았다. 저걸 어찌할까 망설이다 손대지 말자고 마음먹고 그냥 두었더니 생식성 줄기는 포자를 퍼뜨린 뒤 이내 말라 죽고 초록색 영양체*가 땅에서 돋아났다. 곧은 젓가락 같은 초록색 줄기가 위로 솟고 마디마다 가는 초록색 잎이 돌려나기로 났다. 4월 말이 되자 마당은 금세 쇠뜨기밭이 되었다. 나는 마음을 바꿔 먹고 쇠뜨기들을 뽑았다. 하지만 돌

● 생식에 직접 관여하지 않고 개체의 영양에 관계하는 부분. 종자식물은 뿌리·줄기·잎 등이, 동물은 생식 기관 이외의 부분이 해당한다.

아서면 나고 또 났다. 한 해는 큰 삽으로 30센티미터가 넘게 땅을 뒤집어엎었다. 그래도 쇠뜨기는 또 났다.

　알고 보니 쇠뜨기는 원폭 피해를 입은 히로시마에 가장 먼저 싹을 틔운 식물이었고, 우리 동네 빈 택지에 봄이면 가장 먼저 솟아나는 식물이었고, 내가 미친 듯이 삽과 곡괭이와 호미로 파내도 절대 사라지지 않을 식물이었다. 또 새 흙을 퍼 날라도 바닥에 초록색이 보인다 싶으면 어김없이 쇠뜨기였다. 이 질긴 식물은 깊게 뿌리를 내리기 때문에 땅 위에서 벌어지는 웬만한 일에는 별 영향을 받지 않는다. 결국 나는 전략을 바꾸어 버섯 모양 생식성 줄기가 보이는 족족 전부 잘라다 술에 담가 놓기로 마음먹었다. 하지만

버섯처럼 생긴 쇠뜨기의 생식성 줄기. 누구보다 강한 생명력을 지닌 식물이다.

그래도 소용없을 것이다. 내가 놓치는 버섯 머리들이 분명히 있을 것이고, 몇 개만 살아남아도 거기에서 포자가 생겨 사방에 퍼질 것이고, 그 결과 마당은 금세 쇠뜨기밭이 될 테니까.

석송, 쇠뜨기, 솔잎난, 고사리는 이끼에 없던 기능들을 개발해 식물을 한 단계 개량시켰다. 바로 땅속에서 물을 끌어 올리며 몸체를 고정시킬 뿌리, 좀 더 효율적으로 광합성을 할 잎, 그리고 물과 양분을 운송할 물관과 체관 같은 관속 기구를 만든 것이다. 이들이 바로 관속 식물의 조상이다.

땅에 바짝 붙어 살던 비관속 식물의 생활 방식을 거부하고 가장 먼저 관속 기능을 갖춘 식물로는 실루리아기에 나타난 쿡소니아(Cooksonia)를 들 수 있다. Y 자 모양의 작은 줄기에 불과한 이 식물은 크기가 2센티미터쯤 되고 잎과 뿌리가 없으며 줄기 끝에 작은 포자낭만 달려 있다. 씨앗을 만드는 것은 엄두도 못 냈고, 뿌리 대신 땅속에 살짝 박혀 있는 줄기로 물을 겨우 끌어 들이고 근근이 몸을 세우는 정도였다. 진정한 뿌리를 가지지 못한 쿡소니아는 물가의 습한 환경이나 늪에서만 살아갈 수 있었다. 물론 이들이 우리가 알고 있는 뿌리와 잎을 갖춘 식물은 아니다. 그러나 4억 2천만 년 전,

쿡소니아의 복원도.

키 작은 쿡소니아 무리 덕분에 불모지와 같던 육지에도 초록색 융단이 덮이기 시작했다.

3억 9천 5백만 년 전에는 쿡소니아보다 가지를 많이 뻗는 라이니아(Rhynia)가 나타났다. 라이니아는 멸종해서 오늘날 찾아볼 수 없지만 한때 육지를 초록색으로 물들였던 이 식물을 화석으로 만나 볼 수 있다. 라이니아는 수평으로 자라는 땅속줄기에서 위로 뻗은 작은 가지가 솟아 나왔는데, 이 작은 가지는 위로 자라면서 두 갈래로 갈라지고 또 갈라지기를 반복했으며 가지 끝에는 포자낭이 달려 있었다. 땅속줄기는 엄밀히 말해 뿌리가 아니고 단순한 줄기였지만 물을 흡수하고 몸체를 땅에 고정시켜 주었다. 아직 뿌리도 잎도 없었지만 라이니아는 땅속줄기가 흡수한 물을 옮기는 원시적인 관속 구조를 갖추고 있었다. 고생물학자들은 이 땅속줄기가 더욱 분화되어 뿌리가 되었고, 두 갈래로 나뉘며 위로 뻗은 가지들이 짧아지고 한데 모여 잎맥이 되었으며, 그 엉성한 잎맥 사이에 납작한 광합성 조직이 자라서 잎이 되었다고 본다.

뿌리와 잎을 만드는 것은 식물 세계의 또 다른 유행이 되었다. 그렇게 하는 것이 생존에 훨씬 유리했기 때문이다. 또 관속 조직을 진화시키는 과정에서 리그닌과 셀룰로오스라는 화합물을 첨가해 단단한 세포벽을 만들었고, 그 결과 식물은 부력이 없어도 몸을 지탱하며 위로 더 크게 자랄 수 있게 되었다. 그리고 큐틴˚으로 줄기의 외벽을 둘러쌈으로써 유전자를 손상하는 자외선을 막고 기생

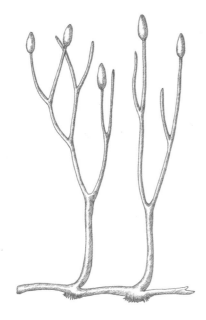
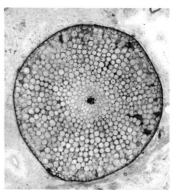

라이니아의 복원도(왼쪽)와 줄기의 단면이
드러난 화석(오른쪽). 물관 같은 관속 기구
가 눈에 띈다.

충이 달려들어 입히는 피해를 사전에 차단했다.

이제 물속에 몸을 담그지 않아도 된다. 광합성에 필요한 이산화
탄소는 얼마든지 있다. 식물은 잎의 크기를 키우고 뿌리를 더 깊이
내려 물을 확보했다. 가까이 있는 식물보다 햇빛을 많이 받으려면
누구보다 먼저 하늘을 점령해야 했다. 그러기 위해 두꺼운 껍질로
외부를 감싸 몸체가 더 단단해지도록 줄기를 개선했고, 중요한 물

● 식물의 겉면에 있는 각피의 주성분.

을 잃지 않기 위해 물관을 잘 분리해 안전한 통로를 확보했다. 몸체가 단단해지자 식물은 더 위로 자라났다.

이와 같은 되먹임 고리가 작동하자 식물의 크기가 엄청나게 커졌다. 우리가 나물로 먹는 고사리의 조상인 양치식물은 단단한 물관부를 만들면서 10미터가 넘도록 자랐다. 데본기에 이르러 나타난 거대한 식물들은 지구 최초의 원시림을 이루었다.

이렇게 거대한 식물들에게도 여전히 번식이 문제였다. 아직 씨를 만드는 방법을 몰랐던 비종자 관속 식물은 포자를 만들기 위해 이끼류가 그랬듯이 두 번의 다른 삶을 살 수밖에 없었다.

테두리가 톱니 모양인 성체 양치식물의 잎 뒷면에는 오돌토돌한 돌기들이 수없이 붙어 있으며, 이 돌기 안에는 다음 세대가 될 포자가 수십 개씩 들어 있다. 우리가 양치식물 하면 떠올리는 전형적인 모습은 바로 포자체다.

잎 뒷면의 돌기를 싸고 있던 막이 터지면 유전자가 절반밖에 없는 포자가 튀어나온다. 포자가 싹을 틔우면 뿌리와 싹이 동시에 나오고 1~2센티미터쯤 되는 하트 모양의 잎이 돋는다. 하트 위쪽의 쏙 들어간 부분에는 장란기가 있고 하트 아래쪽에는 장정기가 있는데, 이 하트 모양의 작은 잎에서는 후손을 탄생시키기 위해 난자와 정자가 만나 수정하는 아주 로맨틱한 일이 벌어진다. 그래서 이 잎을 배우체 또는 전엽체라고 한다.

자식을 낳기 위해 하트 모양의 잎을 만든다니 무척 낭만적으로 들리겠지만 사실 육지에서는 그다지 좋은 방법이 아니다. 장정기의 정자는 물이 있어야만 같은 배우체의 장란기로 헤엄쳐 가거나 다른 배우체로 건너갈 수 있다. 이것은 육지로 처음 올라온 동물이 알이 마르지 않도록 젤리 같은 막을 만들고 그도 모자라 물속에 알을 낳아야만 했던 것과 비슷하다. 만약 물이 없거나 정자가 이동하는 도중 물이 말라 버리면 영영 수정을 할 수 없다.

운 좋게 물이 마르지 않아 정자가 난자에 도착하면 그제야 유전자의 개수가 제대로 갖춰진 수정체가 만들어진다. 그리고 배우체의 옴폭 들어간 부분에서 성체, 곧 우리가 잘 아는 고사리 같은 포자체가 자라난다. 어린 포자체의 아랫부분에 배우체가 여전히 붙어 있기도 하지만 시간이 지나면 배우체는 사라진다. 배우체가 사라지는 때는 포자체가 땅에 뿌리를 내리는 시기와 얼추 비슷하다.

양치식물의 뿌리는 털이 많은 손가락처럼 생겼고 땅 위로 또는 땅을 얕게 파헤치며 뻗어 나간다. 원예가 중에는 양치식물만 골라서 키우는 사람도 있는데 왜 양치식물을 키우냐고 물으면 열이면 열, 이렇게 자라는 뿌리를 보는 재미 때문이라고 대답한다.

잔털 달린 뿌리에 뻗어 나가는 재주만 있는 것이 아니다. 이 뿌리에서도 또 다른 포자체가 돋아난다. 양치식물의 놀라운 점은 바로 이것이다. 잘 자라난 양치류는 배우체가 없어도 뿌리에서 포자체를 길러 낸다. 배우체에서 돋아났든 뿌리에서 돋아났든, 성장한 포자체는 잎 뒷면에 만들어 둔 포자를 흩뜨리기 적당한 때를 기다

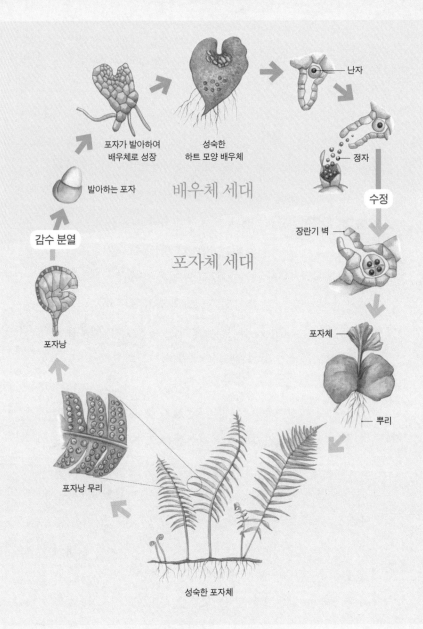

배우체 세대

포자체 세대

포자가 발아하여
배우체로 성장

성숙한
하트 모양 배우체

난자

정자

수정

발아하는 포자

감수 분열

포자낭

장란기 벽

포자체

뿌리

포자낭 무리

성숙한 포자체

양치식물의 번식 과정을 묘사한 그림.

린다. 이윽고 막을 찢고 나온 포자는 다음 세대를 낳기 위해 배우체를 만드는 일부터 다시 시작한다.

양치류의 번식 방법은 이끼류와 거의 같으나 결정적으로 배우체와 포자체의 관계가 다르다. 이끼류는 포자체가 된 후에도 살아가는 데 필요한 양분을 배우체에게서 얻고 서로 크기도 비슷하다. 그러나 양치식물은 포자체가 자라고 나면 배우체는 사라질 뿐 아니라 포자체가 배우체보다 훨씬 크게 자라난다. 양치식물의 포자체는 그 자체가 커다란 잎이므로 광합성을 해서 스스로 양분을 생산할 뿐 아니라 수평으로 뿌리를 뻗어 계속 새로운 포자체를 길러내기도 한다. 즉 양치식물의 포자체는 포자를 만들기 위해 배우체를 우려먹지 않는다.

그러나 자식을 낳으려면 식물에게는 여전히 물이 있어야만 했다. 물론 광합성을 하는 데도 물이 필요했지만, 그 정도는 뿌리로 얼마든지 극복할 수 있었다. 어쨌든 물이 있어야만 정자를 운반할 수 있는 방식으로는 육지에 완벽하게 적응했다고 볼 수 없다. 식물들의 다음 과제는 확실했다. 물이 필요한 배우체 없이도 번식할 수 있는 방법을 찾는 것. 그것을 찾아낸 것은 나자식물이라고도 하는 겉씨식물이다.

13
씨앗

4월 말에서 5월 초가 되면 온 세상은 노란 가루로 덮인다. 이 가루는 너무나 고와서 현미경으로 봐야 실체를 확인할 수 있고 아무리 부드러운 천으로 닦아도 완벽하게 쓸어 낼 수 없다. 게다가 끈끈한 무언가가 섞여 있어서 그냥 두면 유리나 문 등에 들러붙어 떼어 내는 데 애를 먹는다. 비가 오면 이 고운 가루는 물에 둥둥 떠서 수면을 온통 노란색으로 물결 지게 만든다. 바로 소나무의 웅성˙ 배우체인 꽃가루다. 소나무는 가까이에서 관찰할 수 있는 대표적인 겉씨식물이다. 거듭 말하지만 씨, 종자를 만드는 식물이다!

● 수컷의 성질.

좋다. 무조건 만나기만 하면 된다.

여기서 우리는 아주 중요한 점 하나를 잊지 말아야 한다. 이끼류나 양치류의 정자는 난자에게 가기 위해 물이 있어야만 했다. 그래서 헤엄치기 좋게 꼬리도 가지고 있었다. 그러나 소나무의 꽃가루는 헤엄 대신 비행을 선택했다. 이제 식물은 물이 없어도 수정할 수 있게 되었다!

꽃가루가 바람의 힘을 빌려 자성 배우체인 솔방울에 도착해 그곳에서 수정이 이루어지면 유전자를 전부 지닌 종자, 즉 씨가 생겨난다. 종자 솔방울에 붙어 있는 인편 하나하나가 씨가 되는 것이다. 수정이 원활하게 이루어지려면 솔방울이 어딘가에 숨어서는 안 된다. 바람 타고 날아올 꽃가루와 잘 만날 수 있도록 바깥으로 노출되어야 한다. 결국 씨앗은 외부의 잘 보이는 곳에 생길 수밖에 없었고, 이와 같은 외형 때문에 겉씨식물이라는 이름이 붙었다.

씨들은 날개를 달았다. 그래야 부모로부터 멀리 떨어진 곳에서 싹을 틔우고 양분이나 햇빛을 둘러싼 경쟁을 피할 수 있다. 부모 나무인 포자체는 씨앗과 씨앗을 보호하는 외피, 그리고 날아가기 위한 수단까지 다 마련해 준다. 다만 씨앗은 포자체를 떠나는 순간부터는 어떤 지원도 받을 수 없다. 언뜻 보면 겉씨식물은 자식의 독립성을 매우 중요하게 여기는 것 같지만 진짜 목적은 따로 있다. 이렇게 해야 미래의 경쟁자가 좀 더 먼 곳에 자리를 잡기 때문이다. 종족 보존을 위해 씨앗을 만드는 일까지는 투자를 아끼지 않지만 그 후에는 자식이라도 경쟁자인 셈이다.

어떤 소나무는 씨앗의 미래를 염려해 불이 나야만 솔방울이 열리고 씨앗이 터져 나가는 생존 방식을 택하기도 했다. 북아메리카에 있는 로지폴 소나무가 그렇다. 이 소나무의 씨앗은 경쟁자가 다 사라진 불탄 대지 위에서 여유롭게 싹을 틔운다. 호주 사막에서 자라는 유칼립투스의 한 종류인 칼리스테몬과 반크시아의 한 종류인 자이언트 반크시아 역시 불이 나야만 단단한 깍지가 터지고 씨가 땅에 떨어진다. 이 식물들은 해마다 씨앗이 든 깍지를 만들지만 불이 나지 않는 한 몇 년 묵은 씨앗이라도 땅 구경을 하지 못한다. 이와 같은 다양한 생존 방식은 식물이 씨앗을 단단한 외피로 감싸면서 가능해졌다. 물이 있어야만 짝을 찾을 수 있는 연약하고 작은 포자들은 꿈도 꿀 수 없는 번식법이다.

씨앗은 유전자를 온전히 지니고 있고 싹이 나기만 하면 포자체가 된다. 여기서 다시 한 번 말하자면 포자체란 우리가 익히 아는 식물 그 자체다. 예를 들어 소나무 하면 떠오르는 모습이 소나무의 포자체다. 겉씨식물의 포자체는 씨앗을 생산하기 위해 배우체를 만들고 영양을 공급해 준다. 배우체는 씨앗, 곧 다음 세대로 유전자를 전하는 주인공을 만드는 기관으로 소나무의 솔방울을 떠올리면 된다. 물론 소나무의 배우체에는 꽃가루를 생산하는 솔방울과 난자를 생산하고 씨앗을 품는 솔방울이 모두 포함된다.

여기서 중요한 것은 겉씨식물의 포자체와 배우체가 영양을 주고받는 방식과 관계가 이끼류나 양치류와 사뭇 다르다는 점이다. 이끼류를 떠올려 보자. 이들의 포자체는 광합성을 전혀 하지 못하고 땅에서 영양분을 끌어 올릴 수도 없어서 수정의 터전이 된 작은 배우체가 제공하는 영양에 기대어 포자를 만든다. 양치류는 이보다 조금 발전해서 난자와 정자가 수정되는 순간까지는 포자체가 배우체의 도움을 받지만, 이내 포자체는 뿌리를 뻗고 스스로 광합성을 하면서 배우체로부터 독립해 포자를 만든다. 겉씨식물의 포자체는 더욱 독립적이다. 씨앗이 싹 터서 커다랗게 자라난 성체, 곧 포자체는 작은 배우체와 씨앗에게 필요한 양분까지 넉넉하게 한 꾸러미에 싸서 열매로 만든다. 겉씨식물은 배우체에 의존하지 않는다. 씨앗을 만들 때만 배우체를 활용한다.

현존하는 겉씨식물문은 소철강, 은행강, 구과식물강, 마황강이 있다. 소철강에 속하는 소철류는 열대 지방에서 흔히 보이는 야자수 같은 것들인데 키가 20미터에 이를 정도로 매우 크다. 참고로 겉씨식물은 꽃가루를 가능한 멀리 보내야 하기에 키가 큰 것이 많다. 은행은 한 가지 속, 단일 종으로 소포자성 나무와 대포자성 나무로 나뉜다. 은행나무는 인간처럼 성염색체에 의해 나무의 성별이 결정된다. 구과식물류는 가장 흔한 겉씨식물로 소나무와 세쿼이아 등이 있고, 마황류는 물관부가 없이 사막의 땅에 붙어서 사는 웰위치아를 포함해 특이한 세 가지 속으로 이루어져 있다.

여기서 잠깐 앞선 설명에서 소철강, 마황강과 소철류, 마황류 등

현재도 살아 있는 각종 겉씨식물들. 1 구과식물강의 세쿼이아. 2 소철강의 소철. 3 은행강의 은행나무. 4 마황강의 웰위치아.

을 섞어 쓴 것에 대해 설명하고 넘어갈까 한다. 강은 생물 분류 체계 '계·문·강·목·과·속·종'의 한 단계다. 소철강이라는 단어는 식물들 그 자체를 가리키는 것이 아니라 분류의 한 단계를 일컫는 말이다. 반면 소철류라고 하면 소철강에 속한 모든 식물에 초점을 맞춘 것이다. 동물도 마찬가지다. 포유류라는 말을 자주 쓰는데 엄밀히 포유류란 '동물계 척삭동물문 포유강에 속한 모든 동물'이라는 뜻이다. 파충류 역시 '동물계 척삭동물문 파충강에 속한 모든 동물'을 가리키는 말이다.

어쨌든 겉씨식물이 출현한 뒤로 건조한 곳에는 꽃가루를 날리는 겉씨식물이, 습한 곳에는 포자를 뿌리는 이끼류와 양치류가 번성해 육지는 식물 천지가 되었다. 식물의 크기도 대단히 커져서 원시림 안에 들어가면 햇빛을 볼 수 없을 정도였다.

수많은 식물들이 광합성을 해 대는 통에 지구의 대기 조성에 큰 변화가 일어났다. 식물들이 광합성의 재료로 이산화탄소를 마구 흡수해서 대기 속 이산화탄소량이 감소했다. 이산화탄소가 줄어드니 식물 입장에서는 잎을 더 키우고 기공의 수를 늘려서 이산화탄소를 흡수하는 면적을 넓힐 필요가 있었다. 자연스레 나뭇잎의 표면적이 점점 더 커지고 기공의 밀도가 높아졌다. 다만 나뭇잎이 커지면 수분이 많이 빠져나가 잎이 말라 버릴 염려가 있었다. 게다가 당시 기온은 현재보다 5도 이상 높아 지구 전체가 몹시 무더웠다. 그러니 식물들은 잎을 키우는 만큼 물을 많이 빨아들여야 말라죽지 않았다. 그러나 지구의 기온은 온실 효과를 담당하던 이산화탄소가 줄어들면서 서서히 내려가 3억 년 전 석탄기 무렵에는 요즘과 비슷해졌다.

이산화탄소의 양이나 지구의 기온보다 흥미로운 것은 대기 중 산소의 양이다. 식물들의 엄청난 광합성 덕분에 산소가 늘어나 대기의 35퍼센트를 산소가 차지했다. 오늘날 대기 중 산소 농도가 21퍼센트라는 점을 고려하면 높아도 너무 높은 수치다. 산소 농도가 이렇게 높아지자 식물과 함께 육상으로 올라온 절지동물이 엄청나게 커졌다. 사실 육지에 가장 먼저 발을 디딘 동물을 알아내기란 거의 불가능하다. 그러나 확실한 것은 척추를 가진 우리의 조상 물고기가 아직 바다를 벗어나지 못하고 있을 때 단단한 외피를 두른 절지동물은 물에 녹아 있는 산소를 거르는 대신 육지로 올라와 신선한 공기를 마음껏 마셨다는 사실이다.

절지동물은 단단한 껍질로 이루어진 관 모양 외피가 내장과 근육을 보호하는 외골격 동물이다. 인간은 신체를 지탱하는 뼈대가 몸 내부에 있는 내골격 동물이지만, 아무래도 외골격을 동경하는 모양이다. 요즘 기술자들은 가볍고 단단한 금속으로 만든 외골격을 신체 바깥에 붙여 보다 빨리 달리고 보다 무거운 것을 들 수 있게 하는 데 심혈을 기울이고 있다. 국제 외골격 학회에 가 보면 기술자들이 만화나 영화에 나오는 것과 비슷한 로봇 팔을 입고 자신의 연구실에서 가장 가벼운 사람을 한 팔로 들곤 하는데, 표정에서 힘들어하는 느낌은 전혀 찾아볼 수 없다. 물론 잠시 후에 로봇 팔이 옆으로 기울며 쓰러져서 문제지만 말이다.

아무튼 고생대에 육지로 올라온 절지동물은 처음에는 무척 작았다. 하지만 잡아먹히지 않으려면 몸집이 커야 유리하다. 몸집을 키우려면 다리가 튼튼하고 굵어야 하는데, 다리가 굵어질수록 구부리거나 달리거나 뛰어오르는 데 많은 불편이 따른다. 그래서 다리를 굵으면서도 길게 만들자니 더욱 많은 산소를 다리로 보내야 하고, 그러려면 몸집을 더욱 키우는 수밖에 없다. 실제로 육지에 올라온 절지동물들은 이런 순환에 따라 크기가 커졌다. 그러나 한없이 커질 수는 없었다. 몸의 길이가 두 배가 되면 부피는 8배 늘어나므로 산소도 8배나 더 마셔야 한다. 대기 중 산소가 늘어나지 않는 이상 절지동물의 크기에는 한계가 있을 수밖에 없었다.

그러나 산소의 농도가 35퍼센트나 되자 사정이 달라졌다. 동물들은 그냥 공기를 들이마셨을 뿐이지만 그 속에는 산소가 훨씬 많이 들어 있었다. 절지동물은 큰 어려움 없이 산소를 몸 구석구석으로 보낼 수 있었고 조상보다 몸이 더 커져도 잘 살 수 있었다. 충분한 산소 덕분에 석탄기에 이르러서는 날개를 펴면 75센티미터나 되는 거대 잠자리, 길이가 2미터에 이르는 노래기* 등이 나타났다.

축축하고 어두운 곳을 좋아하던 절지동물은 먼 훗날 석탄으로 거듭날 양치식물들 사이를 지나다녔다. 어떤 절지동물은 오늘날의 악어처럼 늪지대에 몸을 숨긴 채 거의 모든 시간을 꼼짝 않고 있다가 턱이 없는 천진한 물고기들이 지나가면 용수철처럼 앞발을 뻗어 가엾은 사냥감을 늪 속으로 끌어 들였다. 물귀신이 따로

● 수십 개로 마디진 긴 원통형 몸과 여러 개의 짧은 다리를 지닌 절지동물. 오늘날의 노래기는 크게 자라도 30센티미터 정도이다.

역사상 가장 큰 잠자리였던 메가네우라의 화석. 날개를 펼치면 70센티미터가 넘었다.

없다. 산소가 아무리 풍부해도 몸이 이 정도로 커지면 사냥 이외 다른 일에 에너지를 낭비해서는 안 되었으므로 사냥 성공률을 높이기 위해 먹잇감에 독을 주입하는 방법을 찾아낸 동물도 있었다. 또한 독을 만드는 데도 에너지가 들기 때문에 이 아까운 것을 함부로 낭비할 수는 없었다. 그래서 어떤 동물은 꼬리에 침을 달았고, 어떤 동물은 이빨 아래에 독샘을 두었다. 생존을 위해 독을 품는 전략은 절지동물뿐 아니라 뱀이나 두꺼비도 쓴다. 그 결과 오늘날 사막을 돌아다니는 전갈과 숲에 사는 뱀들은 수억 년 전의 조상만큼 몸집이 크지는 않아도 독 사용법만큼은 그대로 전수받아 사냥이나 자신을 방어하는 데 사용한다.

곤충이지만 특이하게도 날개가 없는 톡토기의 조상 역시 이미 데본기에 있었다. 날개는 없지만 꼬리에 달린 용수철 덕분에 높이뛰기 명수가 된 톡토기는 놀랍게도 4억 년 전의 조

고생대에 등장하여 오늘날까지 살아남은 톡토기.

상과 모습이 거의 다르지 않다. 톡토기는 1~2밀리미터밖에 안 되는 작은 몸으로 흙 속을 헤집고 다니며 큰 동물이 먹다 남긴 부스러기나 다른 동물의 사체를 꾸준히 먹어 치웠다. 이 작은 절지동물은 그때나 지금이나 같은 방식으로 살아간다.

알레르기의 원인이라 인간들이 싫어하는 진드기도 고생대부터 존재했는데, 톡토기와 마찬가지로 큰 동물들은 신경 쓰지 않는 작은 먹잇감을 놓치지 않고 찾아 먹었다. 척추를 가진 동물들이 아직도 바다에서 허우적거리고 있을 때, 이 작은 절지동물들은 육지에서 커다란 사체를 부지런히 분해하고 먹어 치우며 생태계의 기반을 닦았다. 작은 동물은 큰 동물의 먹이가 되어 생태계의 밑바닥을 구성하기도 하지만, 작은 동물이 중요한 가장 큰 이유는 이들이 사체를 분해하는 역할을 하기 때문이다.

작은 곤충과 미생물이 분해한 동물의 사체는 땅과 물과 공기로

다시 돌아간다. 생존은 물론 생태계의 기초까지 다지는 이러한 전략은 너무나도 성공적이어서 오늘날에도 이 곤충들은 예전 방식 그대로 살아가고 있다. 만약 이들이 사라진다면 큰 동물도 살아남을 수 없다. 지구의 역사 후반기에 공룡처럼 커다란 동물들은 번성하다 멸종하기를 반복했지만 곤충 같은 작은 동물은 사라지지 않았다. 이를 보면 지구는 큰 동물보다 톡토기나 진드기를 더 사랑하는 것이 아닐까 싶다.

다시 고생대로 돌아가 보자. 몇천 년 동안 식물들이 이산화탄소를 펑펑 써 버리자 온실가스가 부족해져 대기의 온도가 차츰 내려갔고 남극에는 광활한 빙원이 형성되었다. 이 커다란 얼음덩어리는 햇빛을 반사하는 거울이 되어 기온이 내려가는 데 힘을 보탰다. 이와 같은 순환 때문에 지구에는 카루(Karoo) 빙하기가 찾아와 춥고 건조한 기후가 지속되었다. 광합성을 하는 식물은 얼어 죽거나 말라 죽었고 밀림이 줄어들었다.

한편 바다에서도 아주 난리가 나고 있었다. 육지 식물은 광합성으로 흡수한 이산화탄소 중 탄소를 몸 안에 차곡차곡 쌓았다. 또 뿌리로 땅을 헤집어 광물을 잘게 부수거나 산을 분비해서 광물을 녹였는데, 이 광물들은 흐르는 물과 함께 바다로 들어갔다. 광물 속 탄소와 식물이 분해되며 나온 탄소가 모두 바다로 들어오자, 조류가 막대한 탄소를 먹이 삼아 대량으로 번식했다. 초여름만 되면 뉴스에 나오는 녹조 현상이 전 지구의 바다에 나타난 것이다. 해수

녹조 현상은 지금도 심심치 않게 볼 수 있지만, 고생대에는 온 지구를 뒤덮어 무수히 많은 동식물이 죽었다.

면을 조류가 덮은 탓에 햇빛이 들지 않아 얕은 바다의 바닥에 붙어 살던 식물은 광합성을 할 수 없었다. 게다가 죽은 조류마저 분해되는 통에 바다에 녹아 있던 산소가 모두 바닥나 버렸다. 그 결과 바다에 살던 생물들은 산소 부족에 시달렸고 대부분이 숨을 쉬지 못해 죽었다.

몇억 년 전 일이지만 이때 상황을 상상하기란 그리 어렵지 않다. 여러 가지 사소한 점들이 다르긴 하지만, 녹조가 발생한 바다에 죽은 물고기들이 배를 드러내고 떠오르는 뉴스의 화면과 거의 비슷하니 말이다. 물론 물 위로 떠오른 생물들의 모습은 오늘날과 많이 다를 테지만 말이다.

바다와 땅에서 벌어진 일들은 거의 동시에 서로 영향을 주고받으며 일어났고 결국 지구 상에서 많은 생물들이 사라졌다. 육지에서 식물이 줄어들자 이산화탄소는 대기에 그대로 머물 수 있게 되었다. 또 화산이 지속적으로 폭발하며 대기에 열과 수증기와 이산화탄소를 내뿜었다. 온실가스가 늘어나면서 지구의 기온이 올라갔고, 빙하가 녹아 거울이 없어지니 기온이 더 빨리 올라갔다. 육지에 얼음이 사라지고 담수가 풍부해지면서 식물은 다시 번성했다.

이 과정은 수백만 년에 걸쳐 이루어졌다. 육지의 다습한 곳에는 거대한 양치식물과 겉씨식물이, 건조한 곳에는 침엽수와 소철 같은 겉씨식물이 가득한 숲이 생겼다. 식물은 이제 씨앗을 마음먹은 대로 프로그래밍해 원하는 환경에서 후손을 번식시킬 수 있는 능력까지 갖추었다. 그러나 아직 한 단계 업그레이드가 더 남았다. 동물들이 정신없이 뭍으로 기어올라 지구가 자기들 차지라고 뻐기던 고생대와 중생대 내내 진정한 육지의 개척자 식물은 동물을 이용할 방법을 조용히 궁리했다.

바로 꽃을 만드는 일이었다.

14
꽃

　우리 집 동쪽에는 80평 정도 되는 빈 택지가 있다. 땅 주인은 나에게 이곳에 뭘 해도 좋으니 이웃이 농사만 짓지 않게 해 달라고 부탁했다. 나는 그 부탁을 흔쾌히 들어주었다. 나는 그 땅에 먹을 것은 전혀 심지 않았다. 비료도 치지 않았고 제초제도 뿌리지 않았다. 그냥 두는 것이 땅을 위하는 길이라 스스로 다짐하며 아무것도 하지 않았다. 가끔 잔가시가 달린 환삼덩굴을 뽑아 준 것과 공사장에서 구출해 온 보라색 토끼풀을 심은 것, 그리고 어느 집 담벼락 밑에 쭈그려 있던 돌나물을 옮겨 심은 것을 빼면 별로 한 게 없다. 그 사이 이웃들이 끊임없이 농사에 대한 불타는 의지를 보여 마음고생을 심하게 했지만 나는 꿋꿋이 그 땅을 농사로부터 지켜 냈다.

그리고 관찰을 했다. 오랜 시간 관찰한 끝에 내린 결론은 이렇다.

식물이 꽃을 발명한 것은 정말이지 잘한 일이다!

마당을 차지한 식물은 혀를 내두를 정도로 다양했다. 키가 큰 것, 작은 것, 땅에 붙어 사는 것, 그늘에서 사는 것, 양지바른 곳에서 사는 것까지 개성이 다 다른데, 공통점은 꽃을 피운다는 것이다. 꽃이 피면 엄청나게 많은 벌과 나비가 몰려들었고, 열매가 맺히면 새들이 날아들었다. 꽃마다 피는 시기가 다르고 열매를 맺는 시기도 다르니 동쪽 마당에는 1년 내내 날것들이 끊이지 않는다. 날개 있는 것들만 드나들지는 않는다. 우리 집에는 5대째 마루 밑에서 사는 고양이들이 있는데, 이 아름다운 동물들은 산과 들을 뛰어다니며 별의별 씨를 붙여 와서는 마당에 뿌려 놓는다.

이웃들은 우리 집 마당에서 온갖 씨들이 날아와 자기네 텃밭에 '잡초'가 무성하다며 볼멘소리를 하는 것도 모자라 허락 없이 마당에 침입해 풀을 마구 베는 만행도 서슴지 않는다. 그러나 나는 화를 내지 않는다. 그런다고 없어질 식물들이 아니기 때문이다. 게다가 이웃들의 신발과 바지 자락에 다양한 씨앗이 붙어 가는 것을 내 눈으로 똑똑히 보았다. 척추를 위로 곧게 펴고 두 다리로 걸어 다니는 인간이라는 동물은 자신도 모르는 사이에 '잡초'로 여기는 식물의 씨앗을 자기 집 마당에 옮겨 놓을 것이다.

우리 집 서쪽에는 잔디가 깔리고 소나무가 심긴 공원이 있다. 근래 들어 이 공원에서 본 가장 놀라운 광경은 엄청나게 작고 빨간

단풍잎이 마치 잔디처럼 쫙 싹을 틔운 장면이다. 동쪽 마당에 있는 단풍나무에서 헬리콥터 날개를 단 씨들이 날아와 공원에 자리 잡은 것이다. 나는 이 싹들을 보며 엉뚱한 상상을 했다.

커다란 포자체인 단풍나무에 매달린 수없이 많은 씨들이 출전 준비를 한다. 이들은 바람이 적당히 불기를 기다리고 있다. 드디어 바람이 분다. 엄마 나무에서 떨어져 나온 빨간 단풍나무 씨앗들은 바람을 타고 될 수 있는 한 멀리멀리 날아간다. 수천 개의 씨앗이 한꺼번에 날아오르면 마치 비행 편대가 하늘을 뒤덮은 듯한 장관을 연출할 것이다.

작년 가을에 있었던 단풍나무 씨앗의 편대 작전 덕분에 이 봄에 단풍나무 싹들이 공원을 장악할 수 있었다. 물론 이 어린 싹들은 보다 빨리 자라는 풀 때문에 햇빛을 보지 못해 대부분 죽을 것이다. 그러나 그중 몇몇은 살아남을 것이다. 나는 이 싹들 중 몇 개를 집중 관리하려 한다. 단풍나무 싹은 또 한 번 동물을 이용하는 데 성공한 셈이다. 나는 두 눈을 크게 뜨고 겉씨식물인 소나무의 싹을 찾았지만 단 한 개도 찾지 못했다.

고생대 후기에 닥친 빙하기를 무사히 넘기고 살아남은 겉씨식물과 양치식물은 다시금 육지에서 번성했다. 사실 이 식물들은 오늘날에도 굉장히 많은 개체 수를 자랑한다. 열대 지방에 흔한 소철류와 온대 지방에서 살아남은 은행나무, 그리고 높은 산이나 고위도 지역처럼 추운 곳까지 드넓게 퍼져 있는 구과식물류가 고생대

공원에서 싹을 틔운 단풍나무 싹들. 과연 얼마나 살아남을지 흥미진진하다.

겉씨식물의 후손이다.

시간을 훌쩍 뛰어넘어 중생대 백악기로 건너가면 양치식물과 겉씨식물의 자리를 대체할 속씨식물, 곧 꽃을 피우는 피자식물이 등장한다.

속씨식물은 지금까지 등장한 식물과 몇 가지 다른 점이 있다. 우선 이들은 중복 수정을 한다. 벌들이 다리에 묻히고 다니는 꽃가루는 속씨식물의 소배우체로 하나의 소배우체에는 두 개의 정자가 들어 있다. 정자 중 하나는 난자와 수정해 장차 후손이 될 배를 만드는데, 배가 온전한 씨앗이 되려면 수차례 세포 분열을 하면서 세포들이 심장 모양을 이루는 심장기, 어뢰 모양을 이루는 어뢰기 등 복잡한 단계를 거쳐야 한다. 나머지 정자 하나는 난자와 자매였던 두 핵과 만나 배젖이 되며, 핵들이 결합하는 순간부터 양분을 모아 배가 포자체로 자랄 때를 대비한다.

훗날 씨앗과 열매가 될 난자들은 심피라는 껍질로 싸여 있다. 심피는 일종의 방어벽으로 동일한 포자체의 꽃가루를 거부하여 난자가 다른 포자체에서 옮겨 온 꽃가루와 수분* 하도록 한다. 이러는 이유는 다른 개체의 유전자를 받아들임으로써 형질을 좀 더 다양하게 하기 위해서다. 같은 나무의 정자와 난자가 수정하는 일이 되풀이되면 전부터 지니고 있던 나쁜 형질이 자손에게 나타나기 십상인 데다 더욱 나빠질 수도 있다.

속씨식물의 놀라운 점은 유전자를 다양하게 조합해 다음 세대로 물려주는 수정 과정에 동물을 이용한다는 것이다. 속씨식물은 동물을 꽃가루 배달원으로 이용하기 위해 동물이 찾아오기 쉽게

* 종자식물의 꽃가루가 암술머리에 옮겨 붙는 일.

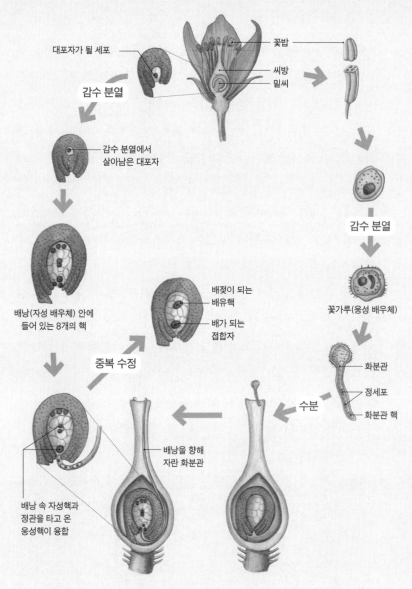

대포자가 될 세포

꽃밥

씨방

밑씨

감수 분열

감수 분열에서
살아남은 대포자

감수 분열

배낭(자성 배우체) 안에
들어 있는 8개의 핵

배젖이 되는
배유핵

배가 되는
접합자

꽃가루(웅성 배우체)

중복 수정

화분관

정세포

화분관 핵

수분

배낭을 향해
자란 화분관

배낭 속 자성핵과
정관을 타고 온
웅성핵이 융합

중복 수정하는 속씨식물의 번식 과정을 묘사한 그림. 꽃가루는 다른 꽃으로 건너가 수정한다.

끔 모양, 향기, 색을 진화시킨 꽃을 피운다. 이것은 오래전 진핵 세포가 이런저런 박테리아들과 협정을 맺고 서로 영향을 주고받으며 이뤄낸 진화와 비슷하여 동물은 동물대로 식물의 수분에 관여한 뒤 적당한 대가를 챙긴다. 이러한 관계를 어려운 말로 수분 상리 공생이라고 하는데 결국 누이 좋고 매부 좋은 셈이다. 그러나 세상 모든 일에는 예외가 있듯이 모든 동물과 식물이 원만한 관계를 맺는 것은 아니다. 일례로 암컷 말벌 흉내를 내는 어떤 난초가 있다. 그 생김새 때문에 수컷 말벌들이 몰려들어 교미를 시도하지만 수컷 말벌은 끝내 아무런 소득도 얻지 못한 채 꽃가루만 옮겨 주는 꼴이 되고 만다. 반면 어떤 동물은 식물의 꿀은 그냥 둔 채 꿀을 만드는 부분만 장난처럼 잘라 버리기도 한다.

속씨식물은 수정 과정뿐 아니라 씨앗을 퍼뜨릴 때도 동물을 이용한다. 물론 식물은 자신의 에너지로 생산한 씨앗과 열매를 동물에게 제공해서 그 대가를 지불한다. 식물은 씨앗이 널리 퍼지도록 다양한 열매를 만들었는데 똑똑하게도 특정한 동물을 겨냥해서 진화시켰다. 동물 또한 특정한 식물이 만드는 열매를 잘 구별할 수 있도록 공진화﹡ 했다.

예를 들어 새를 수분에 이용하는 식물은 대부분 향기가 없는 붉은색 열매를 맺는다. 이 열매는 별다른 냄새가 없어 후각이 발달한

﹡ 여러 종의 생물이 서로 영향을 주면서 진화해 가는 일.

동물에게는 인기가 없다. 반면 박쥐가 좋아하는 열매는 대부분 초록색이라 낮에는 사람 눈에 띄지 않는다. 그 대신 익으면 과일 향이 나서 밤에 활동하는 박쥐들은 이 열매를 귀신같이 찾아낸다. 마찬가지로 시각이 좋지 않은 포유류가 먹는 열매는 대부분 보라색이라 잘 보이지 않지만 달콤한 향을 강하게 뿌려서 동물을 유도한다.

놀랍게도 식물과 동물이 한 종씩 일대일로 인연을 맺는 독특한 공진화도 있다. 북미 남서부에서 자라는 유카나무는 유카나방이 있어야만 수분을 할 수 있다. 유카나방은 유카나무의 꽃인 실난초의 난자에 알을 낳는다. 그리고 꽃가루를 잘 뭉쳐서 다른 꽃으로 날아간 뒤 꽃가루 덩어리를 놓아둔다. 흥미로운 것은 유카나방이 꽃마다 5개의 알만 낳는다는 사실이다. 혹시라도 유카나방이 그 이상 알을 낳으면 꽃은 그냥 시들어 버린다. 알이 부화하면 애벌레는 씨앗을 먹으며 성장하고 먹히지 않은 씨앗은 다음 세대의 유카나무가 된다. 나무와 나방이 진화론적 타협을 이룬 셈이다.

오늘날 육상 식물은 95퍼센트가 속씨식물로 약 30만 종이 알려져 있다. 속씨식물은 다른 식물들이 살지 못하는 환경에서도 살아간다. 그러니 우리 집 옆 빈 땅을 정복하는 것쯤은 식은 죽 먹기다. 속씨식물은 씨앗을 만드는 마지막 과정에서 수분을 95퍼센트까지 줄여 보존성을 높였고, 벌레들의 공격을 막고 웬만한 충격에는 깨지지 않도록 단단한 껍질로 무장시켰다. 이런 든든한 방어막 덕에 씨앗은 엄마 포자체로부터 멀리 떨어지는 동안에도 무사할 수 있

유카나무 꽃 속에 있는 유카나방. 서로가 없이는 후손을 남길 수 없는 생물들이다.

다. 그러나 물에서 생겨난 생명체의 본질을 전부 벗어 버리지는 못 해서 씨앗이 싹을 틔워 새로운 포자체가 되려면 반드시 물이 필요 하다. 식물은 3억 년이 넘는 세월 동안 물이 없어도 수분할 수 있 는 방법을 찾아 결국 씨앗을 만들었지만 물로부터 완전히 자유로 워질 수는 없었던 것이다.

　지금은 꽃의 시대다. 1억 년 후 지적인 생명체가 오늘날을 평가 하면 신생대는 꽃 피우는 속씨식물의 전성시대라고 정의할 것이 다. 그렇다면 1억 년 후 식물은 어떤 형태로 진화할까? 식물은 또 어떤 것을 발명할까? 정말이지 궁금하다!

15
등뼈

어느 날 지구에 지적 능력이 매우 뛰어난 외계인이 왔다. 하필이면 우리 마당에 도착한 외계인은 우리 집에 사는 동물들을 관찰해 보고서를 쓰기로 했다. 한낮에 도착한 외계인은 가장 먼저 마루 위로 고개를 내민 고양이를 발견할 것이다. 머리에는 두 눈과 코, 귀, 입이 있고 마디진 등뼈가 꼬리까지 이어져 있다. 등뼈에서 뻗어 난 사지는 한 쌍씩 대칭을 이루며, 사지의 끝에는 발가락이 다섯 개 있다. 저물녘이 되니 두 발로 서서 걸어 다니는 동물들이 돌아왔다. 그들도 머리에 눈, 코, 입, 귀가 있고 마디진 등뼈가 있는데 꼬리는 아주 작아서 없는 것처럼 보인다. 이들 역시 등뼈에서 뻗어 난 사지가 좌우 대칭을 이루며, 사지 끝에는 다섯 발가락이 있다.

고양이와 인간은 겉보기에 아주 다른 동물 같지만 몸을 지탱하는 골격의 기본 구조는 같다. 이와 같은 구조는 봄이면 물가에서 시끄럽게 울어 대는 개구리와도 같고, 밤에 휘파람을 불면 나타난다는 뱀과도 같고, 어항 속에서 나른하게 헤엄치는 금붕어와도 같다. 믿기지 않겠지만 이들은 모두 등뼈를 가진 척추동물로 공통의 조상에서 갈라져 나왔다.

현생 동물 중 등에 지지대가 있는 동물을 척삭* 동물로 분류한다. 척삭동물의 몸은 좌우 대칭이며 심장이 배 쪽에 있고, 폐쇄 혈관계와 소화계 그리고 항문까지 뻗은 꼬리를 가지고 있다. 등 쪽에는 속이 빈 신경삭과 신경삭을 지지하는 막대 역할을 하는 척삭이 있다. 사실 인간과 고양이를 비롯해 우리가 아는 사지 달린 동물은 모두 척삭동물이라 할 수 있다. 다만 고양이와 인간의 등에는 물렁한 척삭이 아니라 관절로 이루어진 단단한 뼈가 있다는 점을 알아 두어야 한다. 물론 창고기처럼 앞서 말한 척삭동물의 특징과 딱 맞아떨어지는 동물도 있다. 과학자들은 물렁한 척삭이든 딱딱한 뼈든 등에 지지대가 있는 동물을 모두 척삭동물문이라고 묶고 그 안에서 분류 체계를 세워 보았다.

그랬더니 방대한 척삭동물문이 놀랍게도 단 세 부류로 나뉘었다. 첫 번째 무리는 멍게 등이 포함된 미삭동물아문, 두 번째는 창

● 척수 아래로 뻗어 있는 연골로 이루어진 줄 모양의 물질. 척추의 기초에 해당한다.

고기목만 알려진 두삭동물아문이다. 세 번째 아문은 인간과 고양이를 비롯해 물고기, 새, 거북 등 가장 많은 동물들이 포함되는 척추동물아문이다.

척추동물은 등에 있는 여러 개의 단단한 뼈가 기둥 역할을 한다. 관절로 이루어진 이 기둥을 척주라고 하며, 척주를 지지대 삼아 갈비뼈와 골반뼈 같은 내부 골격이 자리 잡는다. 내부 골격 안에는 체강이라는 공간이 있고 이곳에 각종 장기들이 위치한다. 그중 심장은 척주 앞쪽, 다시 말해 배 쪽에 있으며 혈관계의 중심이 된다. 척추동물의 척주에는 두 쌍의 부속지가 붙어 있다. 쉽게 말해 팔과 다리로, 사지를 빠르게 움직이려면 뇌의 기능이 좋아야 하기 때문에 척추동물의 뇌는 비교적 커다랗다. 그리고 뇌 앞쪽에는 눈, 코, 귀 같은 아주 잘 발달된 감각 기관이 모여 있다.

척주가 없는 동물은 결코 척추동물이라고 할 수 없다. 그렇다면 등 한가운데를 가로지르는 관절로 이루어진 단단한 뼈는 어디서 기원한 것일까? 과학자들은 창고기에게 있던 물렁한 척삭이 단단한 뼈로 발전했다고 추측한다. 바로 이 때문에 한때 창고기를 척추동물의 조상으로 여겼다. 아무래도 멍게류보다는 창고기가 척추동물과 비슷한 점이 많으니 말이다. 또 모든 척추동물은 태어나기 전 어미의 배 속에서 창고기와 비슷한 시기를 거치기도 한다. 그러나 일부 과학자들은 창고기가 매우 특수한 동물이라 척추동물과 닮은 점이 많다 해도 조상이라고 볼 수는 없다고 주장한다. 아직

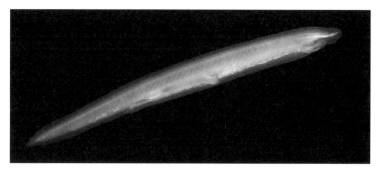
척추동물의 조상으로 여겨졌던 창고기.

척추동물의 기원은 명확하게 밝혀지지 않았다. 그나저나 멍게와 창고기와 내가 모두 척삭동물이라니, 좀 더 겸허해져야겠다!

척추동물아문 내에서 가장 먼저 언급해야 하는 동물은 먹장어와 칠성장어다. 이들은 턱이 없는 무악어류의 후손이다. 무악어류는 척추가 단단해서 훨씬 강하게 물을 휘저으며 나아갈 수 있었지만 지느러미가 발달하지 않은 탓에 빠르고 정확하게 헤엄치지는 못했다. 오늘날의 칠성장어와 먹장어는 여전히 턱이 없는 입으로 바다 밑바닥을 휘저어 작은 먹이들을 먹거나 커다란 물고기에 이빨을 박고 피를 빨아 먹으며 살아간다. 비록 턱은 없지만 여러 차례의 대멸종에서 살아남은 훌륭한 물고기들이다.

몸의 일부를 단단한 뼈로 감싼 갑주어류는 캄브리아기 후기에 나타나 데본기까지 번성했던 턱이 없는 물고기다. 헤미키클라스피스(Hemicyclaspis)는 턱이 없기 때문에 먹이를 물거나 찢는 대신 바다 밑바닥에 살면서 위에서 떨어지는 죽은 고기나 버려진 찌꺼기를 먹었다. 헤미키클라스피스가 바다 밑바닥에 살았다고 추측하는 이유는 눈의 위치 때문이다. 단단한 뼈로 무장한 머리 위쪽에 두 눈이 있는데, 이는 머리 위에서 공격해 오는 오징어와 문어 등의 조상인 두족류 또는 이빨과 턱을 갖춘 무서운 포식자를 보고 도망치기 위해서였을 것이다. 아무리 머리를 뼈로 감싼들 턱이 없는 물고기는 턱이 있는 물고기의 밥이 될 수밖에 없었다. 이빨과 턱이 있는 물고기들은 먹잇감을 물고 비틀고 뜯을 수 있어서 최고 포식자의 자리에 올라섰다. 그러나 갑주어류는 단단한 외피와 위로 솟은 등비늘을 정비하는 데만 신경 썼지 끝내 이빨과 턱을 갖추지 못했고 데본기 말에 멸종하고 말았다.

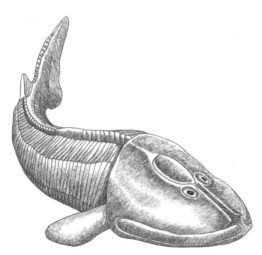

헤미키클라스피스의 복원도.

최초로 턱을 가진 물고기는 실루리아기 지층에서 발견된 극어류다. 갑주는 머리 앞부분만 가릴 정도로 작아졌고 몸통은 작은 비늘로 덮였으며, 커다란 가시와 함께 쌍을 이룬 튼튼한 지느러미도 있었다. 무엇보다 눈에 띄는 것은 이빨과 턱이다. 이들의 턱은 무악어류의 아가미로부터 진화했다. 지느러미와 달리 아가미는 매우 약하고 예민한 기관으로 부드러운 연골로 이루어진 아가미활이 아가미를 움직인다. 결국 아가미를 크게 벌려 물을 많이 통과시키는 것은 아가미활이 얼마나 유연하게 움직이느냐가 관건인 셈이다. 오래전 물고기들은 아가미활의 중요성을 알았다.

무악어류는 앞쪽 아가미활을 관절처럼 진화시켜 아가미를 폈다 접는 게 수월해지도록 했고, 그 결과 입을 더 크게 벌려 들이마시는 물의 양을 늘릴 수 있었다. 그러다 보니 뜻하지 않게 먹이를 삼키기도 쉬워졌다. 이와 같은 과정을 두고 보면 턱은 산소를 더 많이 마시려고 발달한 것이지 먹이를 더 쉽게 먹으려고 진화한 것은 아니다. 먹이를 물고 비틀고 씹는 일이 중요해진 것은 산소를 충분히 마시게 된 다음이었다.

실루리아기 후기, 드디어 엄청나게 강한 턱과 이빨을 지닌 놈이 등장했다. 머리에는 「스타워즈」의 다스 베이더를 연상시키는 단단한 외피도 둘렀다. 판피어류는 갑주어류가 그토록 원했던 이빨과 턱을 다 가지고 있었다. 판피어류는 크기도 제각각이고 살아가는 방식도 다양했다. 판피어류 중 가장 눈에 띄는 둔클레오스테우스(Dunkleosteus)는 다 자라면 10미터가 넘을 정도로 컸고 면도날처럼 날카로운 이빨과 강력한 턱이 있었으며 머리에서 어깨 부분까지 두껍고 단단한 갑주를 두르고 있었다. 눈이 앞을 향한 것으로 보아 이들은 공격자였다. 먹잇감을 향해 돌진하고 한번 물면 절대 놓치지 않는 무시무시한 포식자였던 것이다. 강력한 턱으로 무는 힘은 나중에 나타난 티라노사우루스보다 강했다. 그러나 모든 판피어류가 이렇게 무시무시한 것만은 아니었다. 크기가 작고 바다 밑에서 조용히 살아가는 종도 있었다. 판피어류는 다른 어류와 함께 데본기에 번성하다 고생대 말인 페름기에 모두 사라졌다.

턱이 없는 갑주어류와 턱이 있는 판피어류를 보면 질문이 하나 떠오른다. 무엇이 이들로 하여금 갑옷을 입도록 부추겼을까? 이 물고기들은 무엇으로부터 자신을 지키기 위해 이렇게 크고 강해

둔클레오스테우스의 복원도.

지려 애를 썼을까? 고생물학자들은 거대한 바다 전갈이 포함된 광익류를 후보에 올린다. 2미터가 넘는 바다 전갈은 몸집 자체가 큰 위협이 되었기 때문에 오늘날의 전갈처럼 독을 품을 필요도 없었다. 이 거대한 절지동물은 작고 빠르지도 않은 물고기들에게 공포의 대상이었을 것이다. 물고기들은 소리 없이 나타나는 광익류를 피하기 위해 빠르게 헤엄칠 수 있도록 지느러미를 더욱 강화하는 것은 물론 온몸을 갑옷으로 감쌀 수밖에 없었을 것이다.

광익류와 더불어 고생대의 바다를 주름잡았던 동물은 연골어류인 상어와 가오리다. 상어는 오늘날에도 바다의 최고 포식자 자리를 굳건히 지키고 있다. 상어보다 덩치가 큰 고래는 기껏해야 작은 새우를 끝도 없이 삼킬 뿐 몸집이 작거나 병든 물고기를 잡아먹지는 않는다. 딱딱한 척추를 거부하고 연골로 그 자리를 채운 채 살아가는 상어는 형태도 매우 다양하다. 상어류는 매우 많은 종이 사라지고 새로운 종이 나타났다.

석탄기에 살았던 스테타칸투스(Stethacanthus)는 머리에 납작한 판을 얹었는데, 그 판에 이빨 같은 돌기가 가득 붙어 있었다. 잘못해서 판에 한번 긁히기라도 하면 물고기들은 비늘이 하나도 남아나지 않는 큰 부상을 입었을지도 모른다. 또 돌아가는 둥근톱처럼 생긴 아래턱에 이빨이 빽빽하게 돋친 헬리코프리온(Helicoprion)도 있었다. 헬리코프리온의 아래턱은 마치 이빨이 무수히 박힌 벨트 컨베이어 같은데, 실은 현생 상어의 이빨이 그렇게 움직인다. 현존하는 상어의 이빨은 안에서 밖으로 천천히 밀려 나와 바깥쪽 이빨이 빠져도 금세 새것으로 교체된다. 이빨 끝에는 뾰족하고 가느다란 톱니들이 있어 근육에 박히면 절대 빠지지 않는다.

상어는 이빨로 온몸을 감싸고 있기도 하다. 상어의 피부는 매우 까끌까끌한데 피부에 작은 이빨 같은 돌기들이 돋아 있기 때문이다. 이와 같은 돌기를 치상 돌기라고 하며 상어의 이빨 역시 치상 돌기가 변형된 것이다. 일식 요리사들이 첫손으로 꼽는 강판이 바로 상어 가죽으로 만든 것이다. 요리사들은 초밥용 간장에 톡 쏘는 매운맛을 더하기 위해 상어 가죽 강판에 고추냉이 뿌리를 간다.

여기서 우리가 주목해야 할 것은 상어가 이빨이나 치상 돌기 같은 딱딱한 부위를 만들 줄 안다는 점이다. 그럼에도 상어의 척추는 물렁물렁한 연골이다. 상어는 딱딱한 척추를 만들 줄 몰랐던 것이 아니고 만들지 않은 것이다. 깊은 바닷속에서 유연하게 움직이며 먹이를 쫓는 데는 딱딱한 경골보다 부드러운 연골이 도움이 된 게 분명하다. 상어의 시도는 지금까지 매우 훌륭하게 성공했다. 갑주어류와 판피어류처럼 갑옷에 의지하던 친척들이 멸종했음에도 상어는 아직 최고의 지위를 지키고 있으니 말이다.

또한 상어는 바다에서 코, 곧 후각의 필요성을 가장 먼저 깨달은 동물이기도 하다. 로켓처럼 뾰족하게 튀어나온 상어의 머리 맨 앞에는 코가 있다. 상어의 코는 아주 예민해서 피의 성분을 이루는 분자가 몇 개만 있어도 그것을 추적해 피 흘리는 가엾은 물고기를

스테타칸투스(위)와 헬리코프리온(아래)의 복원도. 각각 머리 위에 얹은 판과 둥근톱 같은 아래턱이 인상적이다.

찾아내고야 만다. 상어는 부상당한 물고기들이 파닥거릴 때 일어나는 물결을 감지할 수도 있다. 상어의 코에 있는 로렌치니 기관은 아주 미세한 물결의 흔들림을 감지할 정도로 능력이 매우 뛰어나다. 상어의 감각은 먹이를 찾는 데 최적화되어 있으며 바로 그런 점 때문에 오늘날에도 번성하고 있다.

또 다른 연골어류인 쥐가오리는 지느러미를 펼치면 최대 7미터에 이르는 몸집이 대단히 위협적이지만 실은 플랑크톤을 먹고 사는 순한 물고기다. 그래도 덩치가 크면 어찌 되었든 생존에 매우 유리하다. 이 거대한 물고기들이 편대를 이루어 지나가는 장면을 상상해 보라. 바다 밑은 갑자기 깜깜해질 것이고 여러 마리의 가오리들이 일으키는 물결 때문에 아래에 있던 물고기들의 몸은 심하게 요동칠 것이다. 바닥에 엎드려 숨죽이고 있던 연약한 작은 생명들은 저 집채만 한 괴물들이 플랑크톤을 먹고 살든 말든 일단 피하고 보자는 본능을 느낄 것이다. 그만큼 크기가 불러일으키는 공포감이란 대단하다.

이름난 수족관 중에는 가오리들이 머리 위로 지나가는 광경을 볼 수 있게끔 수족관 바닥에 관람객들이 지나다닐 수 있는 유리 통로를 만들어 놓은 곳이 있다. 지금껏 경험하지 못했다면 기회를 만들어서라도 가 볼 것을 권한다. 수심 몇백 미터를 내려가는 모험을 하지 않아도 장관을 목격할 수 있다. 게다가 우리는 잡아먹힐 공포를 느끼지 않아도 된다.

자, 이제 우리가 익히 아는 물고기들의 조상에 대해 이야기할 차례다. 오늘날 우리가 보는 물고기는 상어와 가오리를 제외하면 모두 척추가 단단한 뼈로 이뤄진 경골어류다. 경골어류 가운데 육기어류가 데본기에 먼저 나타났고, 조기어류는 조금 뒤에 나타났다. 나는 이 부분을 공부하면서 정말이지 와 닿지 않는 '조기어류'와 '육기어류'라는 명칭 때문에 스트레스를 왕창 받았다. 오래된 교과서를 뒤적이니 이 명칭의 한자가 나오기에 휴대폰으로 찾아봤다. 나뭇가지 조(條), 지느러미 기(鰭)라고 한다. 그러니 조기어류란 '나뭇가지 모양의 지느러미를 단 물고기들'이라는 뜻이다. 실제로 조기어류의 지느러미를 보면 몸에서 뻗은 가느다란 뼈들이 부챗살처럼 펼쳐져서 그 사이를 얇은 피부가 덮고 있다. 우리가 익히 잘 아는 송어, 배스, 농어, 연어, 참치들이 모두 조기어류다. 조기어류의 조기는 구워 먹는 조기가 아니었던 것이다!

육기어류는 근육질 지느러미를 자랑하는 물고기들로 지느러미 안에는 여러 개의 뼈들이 마디져 있어서 마치 손이나 발 같기도 하다. 실제로도 이 근육질 지느러미 덕에 강력하게 물살을 가를 수 있었다. 과학자들이 육기어류에 관심을 기울이는 이유는 고대에 살았던 육기어류 가운데 어떤 삐딱한 녀석이 뭍으로 오르려고 시도했기 때문이다. 근육질 지느러미라니, 벌써 느낌이 오지 않는가!

육기어류는 크게 총기류와 폐어류로 나뉘는데 요즘은 이 두 무리를 하나의 계통으로 취급하기도 한다.

폐어류의 대표적인 물고기는 아프리카, 남아메리카, 호주의 갯벌에 서식하는 폐어다. 폐어는 갯벌에서 근육질 지느러미를 부지런히 움직여서 마치 다리처럼 사용한다. 더 놀라운 것은 지느러미와 몸을 잇는 부위의 뼈 하나가 어깨로 연결되어 있다는 점이다. 네 발로 기어 다니는 동물에게는 몸통과 앞다리를 이어 주는 위팔뼈가 있다. 폐어에게도 바로 그 위팔뼈가 있는 것이다. 게다가 물고기이면서 물 밖에서도 버젓이 살 수 있다. 폐어는 물이 없는 환경에서는 폐로 호흡하며 갯벌 속에 들어가 탈수를 막는다. 그러다 물이 풍부한 환경이 되면 아가미로 호흡한다. 그야말로 수륙 양용이다.

그다음은 총기류다. 나는 '총기류'에 대해서 알아보려고 인터넷 검색을 이용하다 각종 무기에 관심이 많은 사람이 되고 말았다. 검색어를 총기어류로 바꾸니 그제야 무시무시한 이름으로 불리는 물고기들에 대해서 나왔다. 물론 나는 답답한 마음에 한자부터 찾아보았다. 총(總)에는 거느리다, 꿰매다, 그물 등의 의미가 있는데, 아무래도 그중 그물이라는 뜻 같다. 화석에 나타난 지느러미뼈가 그물 모양이라고 본다면 얼추 맞는 것 같지만 역시 별로 와 닿지 않는 이름이다.

총기류 중 가장 대표적인 것으로 고대의 물고기라 불리는 실러캔스(Coelacanth)를 들 수 있다. 실러캔스는 화석이 종종 발견된 탓에 데본기에 나타나 중생대 백악기 말에 멸종했다고 알려져 있었다. 그러나 1938년 살아 있는 실러캔스 한 마리가 잡혔다. 심해에서 조용히 지냈어야 할 이 물고기는 무슨 이유인지 원래 살던 곳보다 조금 위로 올라왔다가 그만 재수 없이 한 어부의 그물에 걸리고 말았다. 실러캔스를 처음 본 사람들은 화석 속에서 튀어나온 것 같은 강인한 모습에 모두 탄성을 질렀다. 특히나 그 지느러미는 조기 어류와 비교할 수 없을 정도로 강하고 튼튼해 보였다. 그 뒤로 실러캔스는 수십 마리가 더 잡혔는데, 저 깊은 심해에 우리가 멸종했다고 아는 고대의 물고기들이 얼마나 더 살아 있을지는 아무도 모른다.

　실러캔스를 제외한 총기류는 우리가 아는 한 고생대에 모두 멸종해서 현존하는 것이 없다. 하지만 화석에는 당당하게 남아 있다. 몸길이가 2미터에 이르는 리피디스티류(Rhipidistian)는 강이나 호수 같은 담수에서 무서운 포식자였다. 그중에서도 3억 8천만 년 전

살아 있는 화석이라 불리는 실러캔스.

에 살았던 유스테놉테론(Eusthenopteron)은 어류와 양서류를 잇는 다리쯤에 해당하는 물고기로 튼튼한 지느러미를 이용해 강가에 살짝 올라설 수 있었을 것이다. 유스테놉테론의 근육질 지느러미 안쪽에 있는 뼈는 고양이의 앞다리와 골격 구조가 같다. 유스테놉테론의 화석이 발견되자 고생물학자들은 조금 더 정교한 손을 가진 물고기를 찾기 시작했다.

데본기의 바닷속 생활은 그리 녹록지 않았다. 집채만 한 크기의 물고기들이 연필만 한 이빨로 작은 동물들을 찍어 눌렀고, 이들이 물을 한번 빨아들이기만 해도 작은 물고기들은 그냥 입 속으로 빨려 들어갔다. 온갖 포식자들이 사방에 깔려서 힘없는 물고기들은 크건 작건 도망치기 바빴다. 그래서 일부는 깊은 바다로 들어갔고, 일부는 짠물에서 벗어나 민물에 적응하는 고통을 겪으며 그때 획득한 형질을 자손에게 물려주었다. 이런 일은 수백만 년간 지속되

컴퓨터 그래픽으로 복원한 유스테놉테론.

었고 그 고통의 결과 물고기들은 땅에 우뚝 서게 되었다. 그렇게 땅에 살기 시작한 동물은 더 이상 물고기가 아니었다. 그렇다고 완벽한 육지 동물도 아니었다.

16
뭍으로

물고기들이 뭍으로 올라오기 전, 다양한 식물과 절지동물들이 이미 육지를 정복하고 있었다. 식물과 절지동물이 물에서 나오려고 발버둥 치는 척추동물을 응원했을 리가 없다. 왜냐하면 물속에서 살던 저 거대한 동물은 분명 많이 먹을 테니, 육지에 올라온다면 새로운 경쟁자가 될 것이 뻔했기 때문이다. 식물과 절지동물이 쩨려보는 사이 뭍으로 올라서려는 어류는 심각한 문제들을 해결해야만 했다. 우선 물로 둘러싸인 세상에서 지내다가 육지로 나오니 피부가 말라서 도저히 살 수 없었다. 또 알을 낳는 것도 어려웠다. 어류는 물살이 없으면 정자와 난자를 결합시킬 수 없었다. 중력을 이겨 내어 몸을 땅에서 떼어 놓을 수 있는 다리도 필요했다.

정말이지 문제가 아닌 일이 하나도 없었다. 그중에서도 가장 큰 문제는 육지에서 숨을 쉴 수 없다는 것이었다. 뭍에서 아가미는 전혀 쓸모가 없었다.

3억 7천 5백만 년 전 나타난 틱타알릭(Tiktaalik)은 총기어류인 유스테놉테론의 유전자를 이어받은, 어류가 육지에 올라서기 위해 부단히 노력한 결과 나타난 동물이다. 틱타알릭은 악어와 물고기를 합쳐 놓은 것처럼 생겼다. 몸길이의 4분의 1에 해당하는 큰 머리는 물고기와 달리 위아래로 납작하고, 머리 윗부분에는 앞쪽을 살필 수 있는 눈이 있으며, 머리 바로 아래 어깨에는 사지동물에서 찾아볼 수 있는 앞다리와 앞발이 분명하게 있었다. 놀라운 것은 앞발을 이루는 뼈에 손목 관절처럼 굽힐 수 있는 부분이 있다는 사실이다. 틱타알릭은 물가에서 몸을 반쯤 밖으로 내민 채 땅 짚고 헤엄치기처럼 이동할 줄 알았던 것이다. 틱타알릭에게는 폐가 있었지만 물고기의 상징인 아가미와 비늘도 남아 있었다. 틱타알릭은 물과 땅의 경계에서 머리를 물 밖으로 내밀었다 다시 들어가는 일을 반복할 수밖에 없었다. 과학자들은 틱타알릭을 어류에 넣어야 할지 양서류에 넣어야 할지 고민에 빠졌다. 결국 틱타알릭이

폐와 아가미가 모두 있었던 틱타알릭.

발가락이 또렷이 구분되는 아칸토스테가.

어류와 양서류의 특징을 다 지녔다며 '사지형 어류'라고 부르기로 했다.

3억 6천 5백만 년 전 나타난 아칸토스테가(Acanthostega)는 앞발이 더욱 정교하게 진화하여 8개의 발가락이 뚜렷이 구분된다. 그러나 이들 역시 뭍에서만 살아가기에는 사지가 너무 약했다. 사지를 받쳐 주는 흉곽도 다소 작은 것을 보면, 이들은 얕은 물가에서 부력의 도움을 받으며 땅을 짚고 다녔을 것이다.

아칸토스테가와 같은 시대에 살았던 익티오스테가(Ichthyostega)는 강한 등뼈와 튼튼한 흉곽, 육지를 걸어 다니는 데 적합한 네 다

둔하지만 육지를 걸어 다닐 수 있었던 익티오스테가.

리를 갖추고 있었다. 그렇다고 이들이 육지를 마구 뛰어다녔다는 뜻은 아니다. 익티오스테가는 물에서의 삶에 미련을 버리지 못한 듯 총기어류로부터 물려받은, 등지느러미가 달린 양옆으로 납작한 긴 꼬리를 여전히 지니고 있었는데, 이를 이용해 물속에서도 유유히 헤엄칠 수 있었다. 익티오스테가에게도 확실히 구분되는 7개의 발가락이 있으며 이 가운데 3개는 한데 뭉쳐 붙어 있었다. 과학자들은 오늘날 다섯 손가락의 원형이 바로 여기 있다며 매우 놀라워했다. 몸길이가 1미터에 이르는 이 사지동물은 물과 땅을 오가며 닥치는 대로 먹잇감을 잡아먹었다. 이들이 어기적거리는 둔한 몸놀림에도 불구하고 성공적으로 사냥할 수 있었던 이유는 육지에 마땅한 적수가 없었기 때문이다. 그 덕분에 육지는 양서류의 세상이 되었다.

물이 고향인 양서류는 알을 낳을 때 반드시 물로 돌아가야 했다. 지상에서의 삶에 어느 정도 적응했지만 자손을 남기는 일에는 전적으로 물의 도움이 필요했다. 처음 육상으로 올라온 식물들이 그랬듯이 말이다. 이런 까닭에 양서류는 완벽하게 물을 떠나서 살 수는 없었다. 육지에서도 마르지 않는 알을 낳은 동물은 파충류다. 양서류는 데본기 후기에 땅에 무사히 안착했고, 그보다 조금 늦은 석탄기에 파충류가 나타났다.

잠시 소개하면 석탄기는 정말이지 다채로운 시대였다. 육지에서는 아름드리 식물들이 산소를 내뿜었고 다양한 절지동물들이 번성했으며 그중 몇몇은 날개를 만들어 하늘로 날아올랐다. 그 전까지 모든 동물은 아무리 발버둥 쳐도 하늘을 날 수는 없었다. 물론 식물의 포자와 겉씨식물의 씨앗은 그 나름대로 하늘을 날며 이동했지만, 생애 단 한 번 아주 잠깐 동안만 날 뿐이었다. 그러나 곤충은 달랐다. 그들은 날개만 펼치면, 그리고 공기의 흐름만 잘 타면 이 나무에서 저 나무로 마음먹은 대로 옮겨 다닐 수 있었다. 공기 역학을 자유자재로 이용해서 하늘을 나는 동물은 그 당시 곤충밖에 없었다. 하늘은 처음에 천적이 없는 평화로운 곳이었으나 곧 하늘마저 치열한 생존 경쟁에 물들었다. 나는 놈 위에 더 잘 나는 놈이 나타났던 것이다.

곤충이 하늘로 영역을 넓히던 석탄기 초기, 알을 낳으러 물로 돌아갈 필요가 없는 척추동물이 등장했다. 몸길이가 30센티미터 정도였던 힐로노무스(Hylonomus)는 나무줄기가 그득한 퇴적물 사이에서 화석이 발견된 가장 오래된 파충류 중 하나다. 양서류 중에서도 이빨의 단면 구조가 특이한 미치(迷齒) 양서류가 진화해서 파충류가 되었다. 미치 양서류의 이빨은 다른 양서류에서 찾아볼 수 없을 정도로 유별났다. 미치 양서류의 이빨을 잘라 보면 단면에 수많은 굴곡이 눈에 띈다. 참고로 이와 같은 이빨은 총기어류의 특징이기도 하다.

파충류는 양서류와 비교해 피부부터 달랐다. 양서류의 피부는 물이 증발되는 것을 전혀 막지 못했기 때문에 물 밖으로 나온 양서류는 빨래가 마르듯 몸에서 물을 잃을 수밖에 없었다. 수분 보호라는 측면에서 보면 양서류의 피부는 없는 것이나 다름없다. 그러니 양서류는 알을 낳기 위해서가 아니더라도 물과 떨어져서는 살수 없었다.

그에 반해 파충류는 마르지 않는 피부와 강한 비늘을 갖추고 있었다. 단단하면서도 적당히 유연한 피부 덕에 파충류는 걸어 다니는 물주머니 신세를 면했다. 이들은 크기는 작지만 강한 턱과 이빨을 갖추었고, 알을 낳기 위해 물웅덩이로 돌아갈 필요도 없었다. 파충류는 알을 튼튼한 막과 껍질로 싸서 건조한 육지에서도 번식하는 데 성공했다. 파충류는 양막란이라 불리는 알을 낳으며 물가에서 해방되었고, 거대한 양서류가 갈 수 없는 내륙으로 진출했다. 그곳은 또 새로운 세상이었다. 무엇보다 포식자가 없었다. 석탄기 후기와 페름기 동안 내륙은 파충류의 세상이 되었다.

파충류는 피부만 단단하게 다듬은 것이 아니라 골격도 변화시켰다. 양서류와 초창기 파충류의 머리뼈에 구멍이라고는 눈을 위해 뚫어 놓은 두 개밖에 없었다. 이런 머리뼈는 마치 캐스터네츠 같다. 입을 벌렸다 닫는 데 턱이 도움을 주긴 하지만 머나먼 조상인 둔클레오스테우스처럼 강하게 물지는 못했다. 그러나 먹이 경쟁이 치열해지면서 좀 더 턱이 강한 동물이 살아남았다. 턱이 강해지려면 턱관절을 움직이는 근육이 더욱 굵고 튼튼해져야 한다. 그런데 구멍이 두 개뿐인 머리뼈 안쪽에는 굵은 근육이 들어앉을 자리가 없었다. 해결법은 머리를 더 크게 만들거나, 머리뼈에 구멍을 더 내서 근육에 자리를 내주는 것이다. 파충류는 두 번째 방법을 택했다. 이들은 스스로 머리뼈에 구멍 두 쌍을 더 내고 머리 무게를 줄이면서 효율적으로 턱을 움직일 방법을 찾았다. 머리뼈에 눈구멍 외에 두 쌍의 구멍이 더 있는 동물을 이궁류 또는 쌍궁류라고 부르는데, 거의 모든 파충류와 조류가 이 부류에 든다.

그러나 파충류 중에서도 중생대 트라이아스기에 나타난 창의적인 동물은 머리 크기를 키우지도, 머리뼈에 구멍을 뚫지도 않았다. 주어진 선택지를 거부하고 다른 답을 찾던 이 동물은 흉곽을 위로 들어 올려 방패로 만든 뒤 모든 장기를 그 방패 아래 두는 기상천외한 해결책을 찾았다. 바로 거북이다. 간혹 만화를 보면 거북이 등껍질을 외투 벗듯이 벗고 알몸으로 돌아다니는 장면이 나오곤 하는데, 이것은 새빨간 거짓말이다. 거북의 등껍질은 잘 벗겨지지도 않을뿐더러 수술에 버금가는 행위로 등껍질을 떼어 낸들 거북은 죽을 뿐이다. 등껍질에 척추가 붙어 있기 때문이다. 머리뼈에 구멍이 두 개밖에 없는 파충류는 거북류와 바다거북류뿐이다.

아름드리나무들이 육지를 가득 메웠던 석탄기 후기, 파충류의 조상은 느닷없이 등에 커다란 부채를 얹은 형태로 진화했다. 이들을 반룡류라고 부른다. 가장 널리 알려진 반룡류로는 디메트로돈

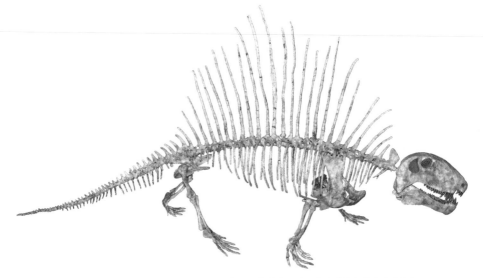

디메트로돈의 복원 모형. 척추에서 나온 골침 사이로 피부가 부채처럼 펼쳐져 있었다.

(Dimetrodon)이 있는데 척추에서 나온 골침이 지지대가 되어 그 사이에 얇은 피부막이 퍼진 것이 마치 쫙 펼친 부채를 올려놓은 것처럼 보인다. 이 '부채'의 기능은 오늘날 동물들의 행동으로부터 추측해 볼 수 있다. 아마 다른 동물에게 더 커 보이도록 쓰는 속임수나 이성에게 구애할 때 자신을 어필하는 수단으로 유용했을 것이다.

등 부채의 또 한 가지 중요한 기능은 체온을 올리거나 내리는 것이었다. 사냥이나 이동을 하려면 심장이 빠르게 뛰어 근육에 피를 많이 보내야 하는데, 체온이 낮으면 혈액 순환이 원활하게 이루어지지 않는다. 육식성 파충류였던 디메트로돈은 사냥을 위해서 체온이 일정 온도 이상이어야 했다. 당시 고위도 지방에 살았던 디메트로돈은 모세 혈관이 퍼져 있는 등 부채를 활짝 펴서 태양열을 흡수하며 체온을 유지했다. 다만 반룡류가 모두 육식성은 아니었다. 에다포사우루스(Edaphosaurus) 역시 등 부채가 있었지만 초식성 파충류였다.

반룡류는 페름기에 이르러 수궁류의 조상이 되었다. 통통한 몸매에 짧은 다리와 꼬리가 눈에 띄는 키노돈트(Cynodont)는 파충류면서 포유류의 특징도 지닌 흥미로운 동물이다. 머리뼈는 작지만 여러 개의 뼈가 봉합된 형태였고, 턱은 아래로 길게 늘어나 있으며, 이빨은 무는 이, 뜯는 이, 찢는 이, 씹는 이 등 기능별로 모양이 달랐다. 키노돈트라는 이름이 '개의 이빨'이라는 말에서 유래한 것만 봐도 이 동물의 이빨이 기능별로 분화되어 있었음을 짐작할 수 있다. 또한 키노돈트의 이빨은 이 동물이 육식성이었다는 사실을 말해 준다.

키노돈트의 먹이가 되었던 초식 동물은 디키노돈트(Dicynodont)다. 디키노돈트는 사방에 널려 있던 겉씨식물을 이빨로 끊고 씹어서 먹었는데, 그 수가 엄청나게 많았다. 오늘날의 초식 동물이 그러하듯이 디키노돈트 역시 떼 지어 몰려다녔다. 다행히 이 초식 파충류는 아래로 곧게 뻗은 다리를 이용해서 포식자로부터 재빠르게 도망칠 수도 있었다.

수궁류는 항온 동물이었기 때문에 거창한 등 부채 따위는 필요

디키노돈트의 복원도. 부리 모양의 입이 있는 초식 동물이다.

없었다. 그 대신 몸체가 털로 덮였고, 조상인 반룡류보다 훨씬 다양한 지역에서 살아갔다. 저위도에서 고위도까지 넓은 범위에 퍼졌던 수궁류는 페름기에 이르러서는 전체 파충류 중 약 90퍼센트를 차지했다. 이제 육지는 물에서 가장 늦게 올라온 네 발 달린 동물들의 세상이 된 듯했다.

17
새로운 세상

고생대 내내 지구에는 거대한 대륙 하나가 있었다. 지금은 지구를 이리 돌리고 저리 돌려도 어떤 대륙이든 한두 개는 볼 수 있다. 그러나 고생대에는 그렇지 않았다. 지구의 한쪽에만 커다란 대륙 하나가 있었고, 반대편에는 파란 바다만 있었다. 그 대륙의 이름은 판게아(Pangaea). 대륙이 하나뿐이기에 육지에 사는 동물들은 이론상 어디로든 갈 수 있었다. 그러나 고생대 페름기 말, 아직까지 불분명한 어떤 이유로 바다에 살던 무척추동물의 90퍼센트, 육지에 살던 척추동물의 3분의 2가 멸종했다. 멸종이란 말 그대로 어떤 종이 지구에서 흔적도 없이 사라졌다는 뜻이므로 몇 마리가 죽었느냐와 전혀 다른 문제다.

2억 5천만 년 전에 일어난 대멸종으로 지구 생물계는 리셋되었다. 그나마 다행스러운 점은 식물은 동물만큼 큰 피해를 입지 않았고, 살아남은 생물들이 새로 시작하는 생태계의 기초를 닦았다는 것이다. 지구 생물계는 그 뒤로도 여러 번 리셋되어서 그때마다 생물들의 운명이 엇갈렸다.

생물만 재편된 것이 아니다. 육지 역시 느리지만 모습을 바꾸었다. 중생대 트라이아스기에 이르자 판게아는 지각 밑에서 올라오는 맨틀의 열기를 이기지 못해 로라시아와 곤드와나로 쪼개졌고, 대륙 사이로 바닷물이 흘러들어 테티스 해가 되었다. 곤드와나는 장차 아프리카, 남아메리카, 남극, 호주가 될 판들의 집합체였는데 물론 이 당시에는 그런 모양으로 깨질지 아무도 몰랐다. 곤드와나는 트라이아스기 후기에 두 덩어리로 쪼개졌고, 쥐라기에 그중 한 덩어리가 또 둘로 나뉘어 남아메리카와 아프리카가 되었다. 나머지 한 덩어리는 백악기 말에 호주와 남극으로 분리되었다.

한편 로라시아는 이미 트라이아스기에 북아메리카와 유라시아로 쪼개져 곤드와나가 느릿느릿 분리되는 모양을 보고 있었다. 결국 오늘날 우리에게 익숙한 각 대륙의 모습은 6천 5백만 년 전, 중생대가 끝날 무렵 모습을 드러냈다. 대륙들이 현재와 같은 위치로 이동하는 데 시간이 조금 더 걸렸지만 말이다.

중생대를 대표하는 해양 무척추동물은 뭐니 뭐니 해도 암모노이드류(ammonoid)다. 이들은 리셋된 바다에서 부활한 두족류로, 딱

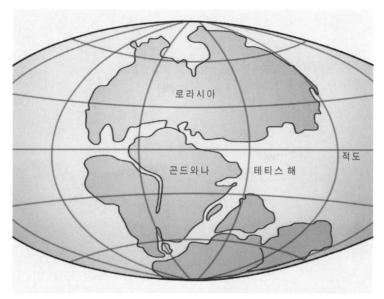

약 2억 년 전 트라이아스기의 지구에는 거대한 대륙 로라시아와 곤드와나가 있었다.

딱한 껍질의 봉합 상태에 따라 달라지는 무늬를 기준으로 네 종류로 나뉜다. 봉합 상태가 가장 간단한 것은 노틸로이드(nautiloid)로 오징어, 문어 등의 조상이다. 봉합에 단순한 물결무늬가 있는 것은 고니아타이트(goniatite), 물결무늬가 좀 더 많은 것은 세라타이트(ceratite), 그리고 복잡한 양치식물 잎 모양의 무늬가 있는 것을 암모나이트(ammonite)라고 한다.

암모나이트는 가장 널리 알려진 암모노이드류로 쥐라기와 백악기에 걸쳐 매우 번성했다. 대부분은 나선형으로 돌돌 말린 모양이

암모노이드류는 껍질이 봉합된 상태에 따라 달라지는 무늬를 기준으로 종을 구분한다.
1 노틸로이드. 2 고니아타이트. 3 세라타이트. 4 암모나이트.

었지만 직선형인 것도 있었다. 암모나이트는 손바닥만 한 것에서 지름 2미터에 이르는 것까지 크기가 매우 다양했다. 나는 자연사 박물관에서 암모나이트 화석을 볼 때마다 이 독특한 생물이 어떤 색을 띠었을지 상상해 보곤 한다. 암모나이트가 수족관에서 볼 수 있는 앵무조개나 색을 수시로 바꾸는 갑오징어처럼 매우 화려하고 아름다운 색으로 치장했을 것이라고 상상한다. 더 나아가 무지 갯빛 암모나이트들이 떼 지어 가는 광경을 상상한다. 중생대 바닷 속은 정말이지 화려했을 것 같다.

커다란 해양 무척추동물들이 아름다움을 과시하고 있을 때 묵 묵히, 그러나 부지런히 살아가는 바다의 1차 생산자들도 있었다. 전체 생태계의 뿌리가 되는 미생물 중 눈에 띄는 것은 쥐라기에 나타난 식물성 플랑크톤 코콜리토포레(Coccolithophore)로 많은 해 양 동물의 주요 식량이 되었다. 또한 백악기의 따뜻한 바다에는 실 리카로 이뤄진 단단한 껍질이 있는 플랑크톤 규조류가 번성했는 데, 훗날 규조류의 껍질이 백악이라 불리는 석회암의 바탕이 되었 다. 이와 아울러 척추동물인 경골어류가 다시 번성했다. 지금도 모 든 척추동물 가운데 가장 형태가 다양하고 개체 수가 많은 것이 경골어류다.

18
바닥에 배를 대고 기어 다니는 벌레?

중생대 하면 떠오르는 것은 역시 파충류다. 중생대를 파충류의 시대라고 부르는 것도 이때 다양하고 경이로운 파충류가 땅과 바다와 하늘을 점령했기 때문이다. 중생대에 번성한 파충류의 공통 조상은 고생대 페름기에 살았던 고두류다. 과학자들은 이 시조 파충류가 공룡, 익룡, 어룡, 수장룡으로 진화했으며, 이와는 별개의 과정으로 악어, 거북, 뱀, 도마뱀으로도 진화했다고 추측한다. 다시 말해 공룡이나 익룡이 지구 상에 없었더라도 오늘날의 악어, 거북, 뱀, 도마뱀은 충분히 나타났을 것이다. 그러나 공룡과 전혀 관계 없을 것 같은 새들은 공룡의 직계 후손으로 공룡이 없었더라면 나타나지 못했을 것이다.

중생대에 육지에서 번성했던 파충류인 공룡은 오늘날의 파충류와 다른 점이 참 많다. 공룡은 위아래가 얼추 맞는 이빨을 가지고 있었고, 3개 이상의 뼈가 척추와 연결되어 만들어진 엉덩이뼈가 있었다. 대퇴, 곧 넓적다리뼈의 윗부분은 베어링과 닮은 둥근 공 모양이라 넓적다리뼈가 골반에 딱 들어맞았다. 이와 같은 골반과 넓적다리뼈 덕분에 공룡의 다리는 곧게 설 수 있었다. 양서류가 무거운 배를 바닥에 댄 채 몸을 질질 끌고 다닐 때 공룡은 자신의 몸을 거뜬히 들어 올려 보기 좋게 달리거나 걸었다. 두 다리로 걸어다닌 덕에 앞발은 다양한 형태로 변형될 수 있었는데, 사냥을 하는 육식 공룡은 앞다리와 발톱이 무시무시한 무기로 진화한 경우가 많았던 반면 풀을 뜯어 먹는 초식 공룡은 앞다리가 그다지 크게 변하지 않았다.

공룡의 엉덩이는 여러 개의 뼈로 이루어졌다. 척추와 붙은 엉덩이뼈가 있고, 그 아래에 두덩뼈와 궁둥뼈가 연결된다. 이 세 뼈가 접하면서 중간에 동그란 구멍이 만들어지고, 이 구멍에 넓적다리뼈의 윗부분이 블록 맞추기 하듯 꼭 맞춰서 들어간다. 또한 모든 공룡은 두덩뼈와 궁둥뼈의 결합 방식에 따라 용반류와 조반류, 이렇게 두 종류로 나뉜다.

용반류는 두덩뼈와 궁둥뼈가 서로 다른 방향으로 정렬되어 'ㅅ'자 모양으로 연결되며 그 안에서 다시 용각류와 수각류로 나뉜다. 네 발로 걷던 용각류는 대부분 아주 거대하고 무리 지어 다녔기

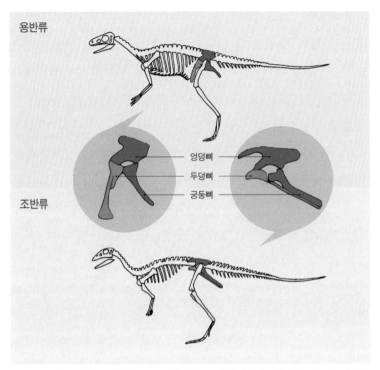

용반류

조반류

엉덩뼈
두덩뼈
궁둥뼈

공룡을 구분하는 가장 중요한 기준은 두덩뼈와와 궁둥뼈가 어떻게 결합되었느냐 하는 것이다. 용반류는 두 뼈가 서로 다른 방향을 향하고, 조반류는 같은 방향으로 정렬되어 있다.

때문에 누가 봐도 대단했다. 아파토사우루스(Apatosaurus), 브라키오사우루스(Brachiosaurus) 등 잘 알려진 공룡들이 용각류에 속하며 아기 공룡 둘리도 족보를 캔다면 용각류 중 하나일 확률이 크다. 쥐라기에 가장 번성했던 이 덩치들은 초식 동물이었고 큰 몸집을 유지하기 위해 자는 시간을 빼고는 거의 먹는 일에 일생을 바쳤다.

아직도 궁금한 점은 몸길이 30미터가 넘는 이 아름다운 파충류가 꼬리에 상처를 입었을 때 그것을 알아차리는 데 얼마나 시간이 걸렸을까 하는 것이다. 꼬리의 상처로부터 전달된 자극을 두뇌가 인식해서 어떻게 대처할지 판단하고 꼬리에 명령을 내렸을 텐데, 몸이 너무 기니 즉시 반응하긴 힘들지 않았을까 싶다. 만약 그랬다면 용각류의 몸은 상처투성이였을 것이다.

모든 어린이에게 가장 사랑받는 공룡 무리는 바로 수각류다. 공룡의 아이콘 티라노사우루스(Tyrannosaurus)가 수각류에 들고, 「쥐라기 공원」이라는 영화에서 일약 스타로 떠오른 벨로키랍토르(Velociraptor)도 수각류의 일원이다. 수각류 공룡은 모두 두 다리로

대표적인 용각류 공룡인 아파토사우루스.

걷거나 뛰었고 앞발에 있는 날카로운 발톱으로 먹이를 낚아챘다. 콤프소그나투스(Compsognathus)처럼 닭만 한 수각류는 분명 재빠르게 뛰어다니며 자기보다 작은 양서류나 포유류를 잡아먹었을 것이다. 그러나 우리의 아이돌 티라노사우루스는 몸집이 너무 크기에 정말로 빠르게 달렸을지 몹시 의문스럽다.

오늘날 인도네시아에서 살고 있는 코모도왕도마뱀이 그러듯이 티라노사우루스는 거의 대부분의 시간을 나무 뒤에 숨어서 적당한 먹잇감이 지나가기를 기다렸을지도 모른다. 코모도왕도마뱀은 임신한 사슴이나 말을 끈질기게 '스토킹'하며 스트레스를 주어 유산시킨 뒤 그 가엾은 새끼를 먹어 치우는 일을 서슴지 않는데, 티라노사우루스 역시 그랬을지도 모른다. 아니면 사자나 치타처럼 거의 종일 가만히 앉아 쉬었을 수도 있다. 결정적인 한 방을 위해 힘을 비축하는 것이다.

티라노사우루스가 후각이 아주 예민했다는 연구 결과가 나오면서 최근에는 이들이 하이에나나 독수리처럼 이미 죽은 먹잇감을 노렸을지도 모른다고 추측하기도 한다. 사실이라면 티라노사우루스를 사랑하는 어린이들에게는 매우 치욕스러운 일이 아닐 수 없다. 공룡의 대표 주자 티라노사우루스가 사냥을 하려고 뛰지도 않았다는 것이니 말이다.

수각류가 주목받는 이유는 이들 가운데서 하늘을 나는 존재가 나타났기 때문이다. 수각류 공룡의 가슴과 목 사이에 있는 V 자 모

가장 보존 상태가 훌륭한 티라노사우루스의 표본. 미국 필드 자연사 박물관에 전시되어 있다.

양의 차골(叉骨), 그리고 깃털 달린 수각류의 존재 등이 조류가 공룡에서 진화했음을 강력하게 암시한다. 독일 남부 졸른호펜에서 발견된 시조새의 화석에서는 꼬리까지 이어진 척추뼈 같은 파충류의 특징과 더불어 조류의 특징 또한 보인다. 그래서 시조새가 수각류와 조류를 잇는 다리라고 여겨진다.

용반류와 구분되는 공룡의 또 한 부류는 두덩뼈와 궁둥뼈가 같은 방향으로 정렬되어 있는 조반류다. 그러나 새를 지칭하는 이름과 달리 조반류는 조류와 아무 관련이 없다. 그렇다는 사실을 뒤늦

졸른호펜에서 발견된 깃털 있는 시조새의 화석. 머리뼈는 보존되지 않았다.

게 알았지만 이미 정한 이름을 바꾸기가 어려워서 울며 겨자 먹기로 그냥 계속 조반류라고 부르고 있다. 오리 주둥이 같은 입이 특징인 조각류, 머리가 그야말로 단단한 돌과 같은 후두류, 머리와 등과 꼬리를 단단한 골편으로 뒤덮은 곡룡류, 등에 마름모꼴 골판을 여러 개 얹어 어린이들 사랑받는 검룡류, 머리 뒤에 다양한 프릴을 단 각룡류 등, 화려한 외모를 자랑하는 공룡은 모두 조반류이며 초식 공룡이다.

초식 동물이 으레 그렇듯 조반류도 떼 지어 다니며 포식자에게 대항했고 영역 다툼을 했다. 또 둥지를 지어 알을 낳고 먹이를 주며 새끼를 키웠는데, 조각류 공룡인 마이아사우라(Maiasaura)의 화석이 직접적인 증거를 제공했다. 이 헌신적인 공룡은 지름이 2미터 정도인 둥지를 틀고 그 속에 알을 낳아 새끼를 키웠다. 이러한 둥지들이 얼추 7미터 간격으로 늘어선 것으로 보아 무리 지어 생활했다는 사실을 알 수 있다. 미국 몬태나 주에서는 1만 마리에 이르는 마이아사우라 화석이 발견되기도 했다. 이들은 화산에서 뿜어낸 유독 가스 때문에 죽었고, 그와 동시에 산에서 쏟아져 내린 진흙에 묻혀 화석으로 남았다. 정말이지 여러모로 재수 없는 일이었겠지만 그 덕분에 우리는 공룡의 생활을 살짝 엿볼 수 있게 되었다.

공룡에 관한 논쟁 중 최고봉은 역시 이들이 항온 동물이었느냐 변온 동물이었느냐 하는 것이다. 만약 어떤 공룡의 두뇌가 비교적 크다면 그 공룡은 항온 동물일 가능성이 높다. 왜냐하면 뇌의 기능을 유지하려면 몸을 항상 데워 놓아야 하기 때문이다. 항온 동물은

조각류에 속하는 마이아사우라.

검룡류에 속하는 스테고사우루스.

곡룡류에 속하는
사이카니아의 머리뼈.

후두류에 속하는
스테고케라스의 머리뼈.

각룡류에 속하는 트리케라톱스.

체내에서 요구하는 에너지양이 많아 같은 체중의 변온 동물보다 훨씬 많이 먹어야 한다. 그러려면 많은 먹잇감이 늘 필요하기에 항온 동물들끼리는 작은 집단을 꾸리는 편이 좋다. 집단이 너무 크면 먹이를 두고 내부에서 싸움이 일어나기 때문이다.

이와 같은 조건들로 미루어 보아 사냥을 했던 수각류는 항온 동물이 아니었을까 짐작한다. 반면 용각류는 항온 동물로 보기에 무리가 있다. 그 대신 용각류의 큰 체구가 항온 동물처럼 살 수 있게 해 주었을 것이다. 물통이 클수록 천천히 식듯이 용각류의 거대한 몸은 데워지기 어려워서 문제지 한번 데워지면 잘 식지 않아 늘 일정한 체온을 유지했을 것이다. 또한 한 무리가 떼죽음을 당한 조각류 공룡의 화석 중에서는 변온 동물이라 하기에 성장 속도가 무척 빠른 것들이 있었다. 현생 동물에 비춰 보면 변온 동물보다 항온 동물이 성장 속도가 빠르다. 또 다른 조각류 공룡의 화석에서는 새와 비슷한 심장이 발견되기도 했다. 만약 심장이 정말 새와 같았다면 이 공룡은 틀림없이 항온 동물이다.

어느 자연사 박물관이든 입구에 들어서면 천장에 거대한 익룡의 표본이 매달려 있다. 석탄기에 위대한 곤충들이 하늘로 날아오른 뒤 그다음에 비행에 성공한 것은 익룡이다. 이들은 길게 늘인 새끼손가락과 몸통 사이로 피부를 넓게 펴서 스스로 글라이더가 되었다. 익룡은 날기 위해 좋은 시력과 두뇌가 필요했으며 뼈의 속을 비워 몸을 더욱 가볍게 만들어야 했다. 익룡에 관해서 궁금한

익룡 중 가장 거대한 종은 케찰코아틀루스다. 날개를 활짝 펼치면 폭이 무려 12미터에 달한다.

것은 과연 어떻게 이륙, 즉 날아올랐을까 하는 점이다. 몸집이 큰 익룡은 간단한 날갯짓만으로는 날아오를 수 없다.

현존하는 조류 중 가장 큰 앨버트로스는 날아오르기 위해 심장이 터질 정도로 뛴다. 익룡 또한 뛰었느냐 하면 거추장스러운 날개 때문에 달리기는 고사하고 걷기도 힘들었다. 청소할 때 쓰는 대걸레 자루를 팔에 붙이고 네 발로 걷는 시늉을 해 보라. 어기적거리며 걸을 수밖에 없을 것이다. 그래서 과학자들은 궁리 끝에 익룡이 매우 훌륭한 높이뛰기 선수였다는 아이디어를 내놓았다. 익룡 화석을 면밀히 검토한 결과 뒷다리 근육이 매우 튼튼해서 스카이콩콩을 타듯 뛰어 오를 수 있었으리라는 것이다.

사실 여부를 떠나 나는 이랬으면 좋겠다. 가수 페퍼톤스의 노래 「Ready, Get Set, Go!」의 가사처럼 거대한 익룡의 그림자가 소리 없이 대지를 가로지르는 모습을 상상해 보라. 날개를 펴면 10미터에 이르는 거대한 익룡들이 편대를 이루어 우아하게 날아가는 모습이라니, 정말이지 가슴이 벅차오른다. 그런데 익룡이 땅에서 뒤뚱거리며 뛰어 가까스로 날아올랐다? 속된 말로 스타일 다 구겨진다.

나는 익룡의 착륙 장면도 몹시 걱정된다. 다시 앨버트로스를 예로 들면, 몸집이 거대한 이 새는 땅에 내려앉을 때 죽을 각오를 해야 한다. 몸무게가 많이 나가는 탓에 땅에 내려앉으면서 받는 충격이 어마어마하기 때문이다. 착지하기 전에 이런저런 방법으로 속도를 줄이지만 앨버트로스 중에는 착륙하다 목뼈나 다리뼈가 부러지는 경우가 많다. 익룡은 과연 어땠을까? 아, 정말이지 한 번만

어룡 이크티오사우루스의 화석.

볼 수 있다면 좋겠다.

　모든 익룡이 하늘을 자유자재로 날았던 것 같지는 않다. 일부는 나무와 나무 사이를 활강하는 데 날개를 이용했고, 일부는 절벽에서 뛰어내리며 상승하는 기류를 타고 날았을 것이다. 어떤 익룡은 긴 꼬리가, 어떤 익룡은 앞뒤로 긴 머리가 방향타 역할을 했다. 그러나 하늘을 주름잡던 이 우아한 동물은 자손을 하나도 남기지 않고 중생대 말에 멸종하고 말았다.

　한편 바다는 바다대로 해양 파충류의 세상이었다. 사람들은 어룡과 수장룡이 공룡과 가까운 친척이라 생각하지만 사실은 전혀 그렇지 않다. 어룡과 수장룡은 시조 파충류로부터 독자적으로 진화했으며, 그나마 공룡과 공통점이 있다면 바다와 육지에서 포식자의 자리를 차지했다는 점일 것이다. 유선형 몸에 외모는 돌고래를 연상시키는 어룡과 목이 길고 노처럼 생긴 사지가 특징인 수장

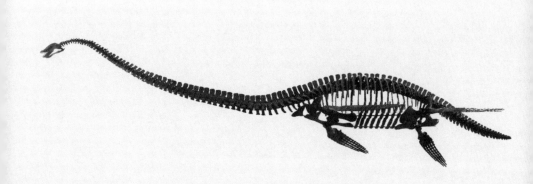

수장룡 플레시오사우루스의 복원 모형.

룡은 중생대 바다를 표현하는 그림에 빠지지 않고 등장한다.

이렇게 다양한 파충류를 소개하고 나니, '바닥에 배를 대고 기어 다니는 곤충'이라는 뜻의 파충류가 참 어이없는 이름인 것만 같다. 이들을 통틀어 부르는 명칭을 바꾸어야 하지 않을까?

19
젖을 먹는 동물

지구 역사에 드디어 젖을 먹는 동물이 등장한다. 그 전에 잠시 고생대 페름기 말 번성했던 수궁류를 떠올릴 필요가 있다. 파충류면서 포유류의 특징도 가졌던 수궁류의 유전자는 견치류라는 후손에게 이어졌다. 이빨이나 젖샘이 덜 발달했던 견치류 역시 완벽한 포유류는 아니었지만 조상들보다는 포유류에 훨씬 가까웠다. 그러다 트라이아스기 후반에 견치류에서 비롯한, 감히 포유류라고 부를 수 있는 동물들이 나타났다. 이쯤에서 사람들은 물을 것이다. 도대체 포유류가 뭐지?

포유류는 젖샘과 털이 있는 항온 동물이다. 파충류의 새끼는 각종 영양분이 풍부하게 포함된 알 속에서 어느 정도 성장한 뒤 태어나는데 비해, 포유류의 새끼는 어미의 자궁 속에 있다 덜 발육된 상태로 태어난다. 포유류는 젖을 먹이며 새끼를 길러야 하는데 이때 젖, 즉 양분을 공급하는 기관이 젖샘이다. 젖샘은 피부의 땀샘이 변형되어 만들어진 것이다. 그 밖에도 체온을 유지하기 위해 피부에 돋아난 털이나 새의 깃털이 모두 피부에서 비롯된 것들이다.

포유류 중에는 오리너구리와 바늘두더지처럼 알을 낳는 동물도 있다. 만약 몇천만 년 후 새로운 인류가 나타나 이들의 화석을 발견한다면, 완벽한 개체가 확인되기 전까지는 파충류와 포유류 중 적당한 소속을 찾지 못할 수도 있다. 같은 이유로 오늘날 우리가 발견하는 화석을 정확히 분류하기도 결코 쉽지 않다. 같은 종의 화석이라도 다리나 머리 같은 일부분만 봐서는 다른 종으로 착각할 수 있다. 심지어 다 자란 개체와 덜 자란 개체를 서로 다른 종이라고 나누기도 한다. 완벽한 몸체가 발견되기 전에 화석의 종을 정확하게 알아보기란 정말이지 어려운 일이다.

포유류와 파충류를 구분하는 또 다른 기준들 중 가장 중요한 것은 이빨이다. 포유류의 이빨은 앞니, 송곳니, 뿌리가 둘로 나뉜 어금니 등으로 기능에 따라 분화되어 있다. 포유류는 이빨이 없이 태어나 성장하면서 이빨이 난다. 처음 나는 이빨을 유치라고 하며 작고 약해서 시간이 지나면 순서대로 빠진다. 그 뒤 턱뼈가 자라면서 다시 새로운 이빨이 나는데, 이것을 영구치라고 한다. 포유류의 이빨은 일생 동안 유치와 영구치 두 벌만 나며 영구치가 빠지면 두 번 다시 이빨이 돋지 않는다. 그러나 파충류의 이빨은 한 종류뿐이며 오래된 이빨은 몇 번이고 새로운 이빨로 대체된다.

이빨은 몸에서 가장 단단한 부분이라 화석으로 남기 쉽다. 포유류의 이빨은 기능별로 나뉘어 있고 종마다 달라서 화석의 종을 구별하는 가장 중요한 기준이 된다. 실제로 새로운 포유류 종이 발견되었다고 할 때는 광활한 사막에서 이빨 하나 달랑 찾아낸 경우도 드물지 않다. 이빨만으로도 충분한 증거가 되기에 과학자들은 새로운 종으로 인정해 준다.

이 밖에도 파충류는 고막과 내이˙를 이어 주는 등자뼈만으로 소리의 울림을 전달하지만 포유류는 망치뼈, 모루뼈, 등자뼈, 이렇게 3개의 뼈가 나란히 연결되어 소리를 전달한다. 또한 파충류와 포유류는 턱관절의 위치도 서로 다르다.

포유류는 공룡이 등장하고 얼마 지나지 않아 나타났다. 그러나 털옷을 입은 작고 가련한 항온 동물 포유류는 크고 빠른 포식자들 앞에서 기죽어 지낼 수밖에 없었다. 중생대에 살았던 포유류의 평균 크기가 오늘날의 쥐만 했으니 아무리 이빨이 분화되고 귀 뼈가 3개라도 목숨을 잃지 않으려면 그냥 숨어 지내는 수밖에.

그러다 포유류에게도 기회가 왔다. 대륙들이 갈라지고 공룡이 활개를 치던 6천 5백만 년 전 어느 날, 지구에 지름이 10킬로미터

˙ 귀의 가운데 안쪽에 단단한 뼈로 둘러싸여 있는 부분.

나 되는 거대한 운석이 떨어졌다. 운석은 오늘날 멕시코의 유카탄 반도에 떨어졌는데, 그 충격으로 170킬로미터에 이르는 크레이터가 생겨났다.

이만한 크기의 운석이 지구에 떨어지면 아수라장이 벌어진다. 거대한 운석은 대기와의 마찰로 불타오르며 공기를 뜨겁게 달궜다. 운 나쁘게 멕시코 근처를 어슬렁거리던 공룡들은 빠르게 다가오는 열기에 놀랄 틈도 없이 운석에 깔려 흔적도 없이 사라졌다. 멕시코에서 조금 떨어진 북아메리카와 남아메리카에 있던 공룡들도 통구이가 되거나 질식사하는 것을 피할 수는 없었다.

운석이 땅에 떨어지는 순간 대지가 힘차게 흔들려 집채만 한 바위도 훌쩍 튀어올랐다. 물론 곧장 중력의 영향으로 떨어졌지만 바

파충류인 악어의 이빨이 모두 같은 모양인데 반해,
포유류인 박쥐, 하마, 호랑이, 코끼리는 먹이 종류와 기능에 따라 이빨의 모양이 다르다.

위 입장에서는 아마도 처음이자 마지막으로 경험한 공중 부양이었을 것이다. 비교적 가벼운 돌들은 하늘 높은 줄 모르고 솟아올랐다. 그러다 역시 중력에 끌려 땅으로 떨어지다가 대기와의 마찰로 불이 붙었다. 아까는 거대한 불덩어리 하나였지만 이번에는 작은 불덩어리가 셀 수도 없이 쏟아져 내렸다. 기온이 1,000도 아니 2,000도에 이르렀다. 지구 전체가 뜨거운 오븐이 되어 버린 셈이다.

한편 운석 충돌 지점 주변의 암석이 운석의 열로 녹았다 굳으면서 석영 결정이 만들어졌다. 이 석영은 과학자들이 운석이 떨어진 위치를 추정하는 데 중요한 단서가 되었다. 충격 때문에 바다에 친 높은 파도는 대양을 가로질러 반대편 육지에 도달했다. 이른바 쓰나미가 일어난 것이다. 아울러 운석 충돌 지점에서 피어오른 미세하고 뜨거운 먼지가 온 지구를 뒤덮었다. 불길에 타 죽지 않은 공룡들은 뜨거운 먼지를 마시고 호흡기에 치명적인 손상을 입어서 질식사했다. 그야말로 지구 전체가 아수라장이 되었다.

그런데 이게 끝이 아니었다. 한술 더 떠 오늘날 인도에 있던 거대한 화산까지 백만 년 가까이 계속 용암과 화산재를 쏟아 냈다. 흘러내린 용암이 굳을 만하면 또 화산이 터져 새로운 용암이 그 위를 덮었다. 이런 일이 백만 년 동안 거듭되면서 인도에는 고원 지대가 형성되었다. 아잔타의 석굴은 바로 이 고원을 파서 만든 불교 문화유산이다.

나쁜 일은 한꺼번에 터진다는 말처럼 지구에 거대 운석과 화산 폭발이라는 두 가지 자연재해가 거의 동시에 일어났다. 그러니 생물들이 살아남을 수가 없었다. 공룡들에게는 정말이지 재수 없는 우연한 사건들 때문에 지구의 생물계는 다시 리셋되었다.

포식자들이 사라진 육지에 가장 먼저 활개를 친 것은 수각류의 후손인 새들이었다.

20
드디어 사람과

거대 파충류가 운석과 화산을 못 이기고 모두 죽어 버린 황량한 육지에서는 식물들이 가장 먼저 재생의 기운을 떨쳤고 동물 중에서는 새들이 무시무시한 포식자가 되었다. 땅에 굴을 파고 숨어 살던 경험 덕분에 엄청난 자연재해를 피할 수 있었던 포유류는 여전히 작고 힘이 없었다. 그러나 조류는 달랐다. 경쟁자가 없어진 육지에서 닥치는 대로 먹잇감을 잡아먹었다. 육식 새의 몸집은 점점 커졌고 그 탓에 새 특유의 기능인 나는 법을 잊었다. 경쟁자가 없는 마당이라 날 필요도 없었다.

신생대에 가장 무서운 육식 새였던 디아트리마(Diatryma)는 2미터가 넘는 거대한 몸집에 먹잇감을 찍어 누를 수 있는 커다란 발

과 이빨 달린 큼직한 부리를 가지고 있
었다. 이들은 작은 개만 했던 말의
조상을 한 입 거리로밖에 여기지 않
았다. 돼지의 조상도 디아트리마에게
는 간식에 지나지 않았다. 그러나 포유류
가 몸집을 키우고 더 좋은 지능을 갖추면서 육식
새는 차츰 서식지를 잃었다. 결국 육식 새는 장차
뉴질랜드가 될 땅에 모아(Moa), 마다가스카르가
될 땅에 에피오르니스(Aepyornis)만을 후손으로 남
긴 채 멸종하고 말았다. 그러나 500킬로그램이 넘는
후손들마저 인간의 서식지에 발을 잘못 들여놓는 바
람에 이제는 모형과 그림으로만 볼 수 있다.

디아트리마의 복원 모형.

성공한 조류는 나는 법을 잊지 않은 종들이었
다. 그들은 날기 위해 몸을 작게 유지한 채 뼈
속을 비웠으며, 가슴과 등 근육을 강화하고 기
류를 타는 법을 터득했다. 이 작은 비행사들은
육지를 활보하던 포유류와 함께 오늘날까지 살아남은 생물이 되
었다.

포유류는 자그마치 1억 4천만 년 동안 공룡을 피해 숨죽이며 살
았다. 참으로 오랫동안 포유류는 1미터 넘게 커진 것도 없었고 종
류도 많지 않았다. 그 대신 포유류는 다양한 먹이를 먹기 위해 이

빨의 기능을 다채롭게 진화시켰다. 특히 씹는 이빨인 작은어금니와 큰어금니는 목, 속, 종에 따라 특징이 뚜렷해서 앞서 말했듯 이빨 하나만 가지고 화석의 속을 진단할 수도 있다. 포유류를 연구하는 고생물학자들은 오늘도 눈을 부릅뜨고 이빨을 찾아다닌다.

포유류의 가지에서 가장 먼저 갈라져 나온 동물은 단공류와 유대류다. 단공류에는 포유류이면서도 알을 낳는 오리너구리와 바늘두더지 등이 있고 유대류에는 웜뱃, 캥거루, 주머니쥐처럼 새끼를 키우는 주머니를 가진 동물들이 포함된다. 유대류는 배아 상태에 가까운 새끼를 낳는데, 갓 태어난 새끼는 어미의 주머니를 찾아가기 위해 냄새를 맡고 겨우 꼬물꼬물 기어갈 줄 알 뿐이다. 유대류의 새끼는 어미의 주머니 안에 있는 진정한 젖샘에서 나온 젖을 '빨아 먹으며' 성장한다. 물론 오리너구리와 바늘두더지의 새끼도 알에서 깨어나면 젖을 먹는다. 다만 이들의 젖샘은 어설퍼서 흘러나온 젖이 털을 적시는 수준이고 새끼들은 어미의 털에 묻은 젖을 '핥아 먹는다'.

유대류는 곤드와나가 완전히 갈라지기 전에 남극을 거쳐 호주로 갔는데, 그 뒤에 대륙이 갈라져서 어디로도 갈 수 없는 신세가 되고 말았다. 그런 까닭에 주머니에서 새끼를 키우는 이 신기한 동물은 호주에서만 볼 수 있다. 사막을 가로지르는 호주의 고속 도로에는 캥거루와 웜뱃이 그려진 표지판이 많은데 유대류가 자주 출몰하므로 조심해서 운전하라는 뜻이다. 실제로 나는 살아 있는 캥거루보다 차에 치여 죽은 운 없는 캥거루를 더 많이 보았다.

태반이 약하고 비효율적이어서 미숙한 새끼를 낳는 유대류와 달리 태반이 튼튼하여 자궁에서 새끼를 다 키운 후에 낳는 유태반류가 신생대에 나타났다. 토끼목, 쥐목을 비롯해 영장목, 소목, 고래목 등 우리가 아는 동물 대부분이 유태반류에 속한다. 사실 유태반류가 신생대에 나타났다는 것은 신생대의 지층에서 화석이 발견됐다는 뜻이지 언제 처음 등장했는지는 아무도 모른다.

이제 수정란은 엄마의 몸속에서 안전하게 자연재해를 피했고 난할°을 거듭해 개체가 된 후에도 엄마의 자궁 속에서 보호받으며 자랐다. 또 태어난 뒤에는 엄마의 젖샘에서 나오는 영양이 풍부한 젖을 먹으며 혼자 살아갈 수 있을 때까지 길러졌다. 포유류라는 명칭도 젖을 먹이는 데서 유래한 것이다. 포유류는 알을 많이 낳고 그중 하나라도 살아남기를 바라는 확률 게임 대신 적은 수의 새끼를 정성스럽게 키우는 쪽으로 가닥을 잡았다. 물론 몸집이 작은 포유류일수록 새끼를 낳는 주기가 짧아 여러 마리 중에 일부가 살아남는 확률 게임이 여전히 존재한다.

유태반류는 공룡과 육식 새들이 멸종한 땅에 별다른 경쟁 없이 서식지를 확보했다. 꽃 피우는 식물이 맺은 열매와 풀이 지천에 깔려 있었고, 자신보다 몸집이 작은 먹잇감도 있었다. 그 결과 각종

● 단세포인 수정란이 다세포가 되기 위해 연달아 분열하는 과정.

포유류가 번성했다. 그중에서도 가장 많은 수를 차지한 것은 몸무게가 1킬로그램도 나가지 않는 작은 포유류였다. 지금도 포유류 중 70퍼센트가 작은 동물들이다. 이른바 소형 포유류라 불리는 것들로 쥐류, 토끼류, 박쥐류, 식충류 등이 있다.

식충류는 두더지나 고슴도치 같은 동물로 백악기 후기에 나타나 그 뒤에도 모습이 거의 변하지 않았다. 타임머신이 있어 신생대로 간다면 오늘날 동물원에 있는 두더지와 고슴도치를 그 모습 그대로 볼 수 있을 것이다.

소와 낙타처럼 짝수 발굽을 가진 포유류와 말처럼 홀수 발굽을 가진 포유류도 나타났다. 이 동물들의 발은 발목으로부터 길게 늘어나 있고 발끝에는 발가락이 있다. 발가락으로 땅을 디디고 날씬한 다리로 몸을 떠받치는데, 그 덕에 사지와 몸이 연결된 관절, 무릎 관절, 발목 관절을 써서 탄력 넘치게 달릴 수 있다.

짝수 발굽을 지닌 동물들은 소목에 속하며 위가 서너 개나 있다. 소와 염소는 풀을 먹고 위에 잠시 저장했다가 다시 게워 내서 씹어 삼키는 일을 되풀이한다. 이 때문에 이들은 하루 종일 뭘 먹는 것처럼 보인다. 소와 염소가 먹은 풀은 여러 개의 위를 거치면서 소화된다.

거대한 육상 포유류도 나타났다. 메리테리움(Moeritherium)과 곰포테리움(Gomphotherium)은 신생대 말에 매머드(Mammoth), 인도코끼리, 아프리카코끼리로 진화했다. 마스토돈(Mastodon)과 매머드

메리테리움의 복원도.

는 커다란 몸집에 어울리지 않게 여린 잎을 먹는 초식 동물로 불과 몇천 년 전에 멸종했다. 이를 지질학적 시간으로 보면 좀 전에 사라진 것이나 다름없다. 시베리아에 살았던 매머드는 큰 엄니와 두꺼운 가죽을 가지고 있었는데, 그것 때문에 영장류의 사냥감이 되고 말았다. 일부 과학자는 인류의 대책 없는 매머드 사냥이 이 온순한 동물을 멸종으로 이끌었다고 보기도 한다.

　육지는 포유류의 세상이 되었지만 어디에나 적응을 어려워하는 동물이 있기 마련이다. 무슨 이유인지 고래의 조상은 다시 물로 돌아가기로 마음먹었다. 프로토케투스(Procetus), 바실로사우루스(Basilosaurus) 같은 고래들이 바다에 터를 잡았다. 초창기 고래들은 통통한 몸에 꼬리가 매우 길었고 머리는 파충류와 닮아서 오늘날 우리가 아는 고래와는 생김새가 많이 달랐다. 물을 버리고 바다를 선택한 고래는 오늘날까지 살아남아 온 바다를 마음껏 헤엄쳐 다닌다. 하지만 여전히 육지 생활의 흔적인 폐로 호흡을 하기 때문에 주기적으로 물 위로 머리를 내밀어야 한다.

포유류의 여러 갈래 가운데 우리의 관심을 끄는 것은 역시 영장류다. 순전히 우리가 영장류에 속한 동물이라서 그럴 것이다. 영장류는 가장 최근에 나타난 동물 중 하나이지만 그렇다고 가장 발전한 형태의 생물이라는 것은 아니다. 영장류보다 먼저 나타나서 1억 년 이상 존재하는 동물들이 있는 반면, 영장류 특히 인류는 지구에 존재를 드러낸 지 천만 년도 되지 않았다. 그러니 다른 동물의 입장에서 보면 인류는 지구 학습장에 나타난 신입생이자 경험이 가장 적은 동물인 셈이다.

영장류는 영장목에 속한 모든 동물을 이르는 말로 원원아목과

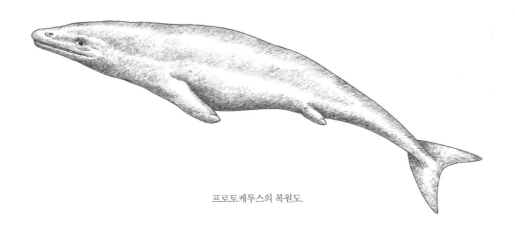

프로토케투스의 복원도.

진원아목으로 나뉜다. 원원아목에는 여우원숭이, 늘보원숭이, 안경원숭이 등이 속해 있고 진원아목은 다시 긴꼬리원숭이상과, 꼬리감는원숭이상과, 사람상과 등으로 나뉜다. 이 중 사람상과는 침팬지와 오랑우탄과 고릴라가 포함된 성성이과, 긴팔원숭이와 주머니긴팔원숭이가 포함된 긴팔원숭이과, 그리고 인류가 속한 사람과 등으로 나뉜다. 드디어 사람이라는 단어가 나타났다!

호미니드(hominid)라 불리는 사람과의 화석이 많이 발견되었는데 가장 오래된 것은 7백만 년 전에 만들어졌다. 사람과는 두 다리로 걷기 위해 척추를 위로 세우는 매우 기이한 일을 시도했다. 다른 동물이 한 적 없는 일을 시도한 것은 오로지 복잡하고 크고 무거운 뇌 때문이다. 큰 머리를 지닌 채 사족 보행을 하려니 균형을 잡기 어려웠을 것이다. 결국 이 머리 큰 동물은 척추를 위로 세우고 그 끝에 머리를 얹어서 귀중한 뇌가 바닥으로 떨어지는 것을 막으려고 애썼다. 머리의 모양도 변화했다. 뇌를 머리 뒤로 밀어 뒤통수가 커진 대신 각종 감각 기관이 모여 있는 얼굴은 작아졌다. 뇌의 크기가 커지자 도구를 사용할 줄 알게 되었고 동시에 손이 정교해졌으며, 잡식성에 걸맞게 송곳니가 작아졌다.

이와 같은 특징이 7백만 년 전 살았던 사헬란트로푸스 차덴시스(Sahelanthropus tchadensis)에서 보인다. 그 뒤로 사람과에서는 4백만 년 전의 오스트랄로피테쿠스류, 2백 5십만 년 전의 호모 하빌리스, 2백만 년 전의 호모 에렉투스에 이어 약 3만 년 전 네안데르탈인

미국 스미스소니언 자연사 박물관에 전시되어 있는 사헬란트로푸스 차덴시스 남성의 모형.

과 크로마뇽인이 나타났다.

네안데르탈인과 현대인의 가장 큰 차이는 머리뼈 모양이다. 네안데르탈인의 머리뼈는 길고 낮아서 앞에서 보면 이마가 거의 드러나지 않는다. 눈두덩과 광대뼈는 튀어나왔고, 입 또한 앞으로 돌출되었다. 강한 골격에 몸은 현대인보다 탄탄한 근육질이었으며 주로 붉은 머리카락과 밝은 피부색을 가지고 있었다.

유럽의 네안데르탈인은 추운 툰드라 지대로 밀려나 긴 겨울을 견뎌 낸 최초의 인류다. 이들은 추위를 피하기 위해 동굴을 집으로

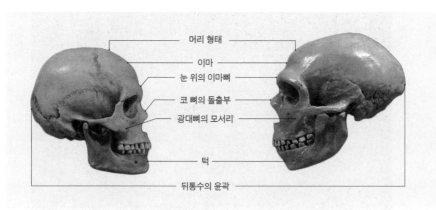

머리 형태
이마
눈 위의 이마뼈
코 뼈의 돌출부
광대뼈의 모서리
턱
뒤통수의 윤곽

현생 인류(왼쪽)와 네안데르탈인(오른쪽)의 머리뼈를 비교한 사진.

이용했고, 돌로 만든 무기를 갖추었으며, 죽은 사람을 매장할 때 음식과 꽃을 함께 묻었다. 네안데르탈인은 미적 감각과 더불어 감정이 있었던 사람들이다. 그러나 이들은 아직 알려지지 않은 어떤 이유로 인해 멸종했다.

우리의 직계 조상이라고 알려진 크로마뇽인은 유목민이었다. 그들은 동물 무리를 따라다니며 사냥했고 사냥에 필요한 활과 화살을 만들었다. 크로마뇽인은 망간과 철 산화물을 이용해 동굴에 벽화를 그리기도 했는데, 스페인과 프랑스의 동굴에 이들이 그린 그림이 선명하게 남아 있다. 지구에 나타난 생물 가운데 먹고 먹히는 일 외에 문화를 꽃피운 존재는 네안데르탈인과 크로마뇽인이 처음이다. 오늘날 사람들을 다양한 예술 활동에 열중하도록 유도

하는 유전자는 이들로부터 이어받은 것이다.

현대인은 1만 년 전에 나타났다. 지질학적 시간으로 보면 1만 년은 한 시간 전도 안 된다. 우리는 방금 전에 나타난 것이다.

21
멸종의 시대

　나는 조금 전까지 뒷집 개를 쫓는 추격전을 벌이다 집으로 돌아와 마당에 주저앉은 채 가쁜 숨을 몰아쉬고 있다. 뒷집 아저씨는 진돗개라고 주장하지만 크기만 진돗개만 하지 뭔가 잡종 같은 분위기를 풍기는 개였다. 바로 그 개가 우리 집 마루 밑 고양이 새끼 한 마리를 물고 달아난 것이다. 나는 플라스틱 의자를 집어 들고 파자마 바람으로 나와 고래고래 소리를 지르며 개를 쫓아가다 더 이상 따라잡을 수 없음을 깨닫고 젖 먹던 힘을 다해 의자를 던졌다. 운 좋게 의자가 개의 머리에 맞았지만 개는 한번 닫은 턱을 열지 않았고 결국 새끼 고양이는 고양이 별로 떠나고 말았다.
　이 추격전에서 내가 깨달은 것은 오직 하나, 문명이 건설되기 전 인간은 살아가기 참 힘들었겠다는 점이다. 우리는 잘 달리지도 못하고 무는 힘이 센 것도 아니며, 균형 감각이 좋지도 않고 잘 듣지도 멀리 보지도 못하며, 추위와 더위에도 약하다. 문명이 붕괴해서 인간이 다른 동물과 함께 자연에 내던져지면 살아남기 어려울 것이다.

그렇지 않아도 지금 지구에서는 대멸종이 진행되고 있다. 빠른 속도로 생물의 종이 줄어들고 있는데, 지구 생물 중 지능이 가장 뛰어나다는 인간이라 해서 다른 생물에 비해 그다지 오래 살아남을 것 같지는 않다. 사람들은 대멸종이라고 하면 한순간에 생물이 모두 죽는 장면을 상상할지 모르지만 실제로는 그렇지 않다. 지금과 같은 속도로 생물의 종이 줄어들고, 멸종하는 속도가 새로 자연에 적응하는 종이 등장하는 속도보다 빠르면 결국 지구 상에 남는 생물은 없을 것이다. 그것이 대멸종이다.

오늘날 지구에서 벌어지는 기후와 자연의 이상 현상들이 모두 인간 탓이라고 생각하지는 않는다. 어쩌면 그렇게 생각하는 것조차 인간의 오만인지도 모르기 때문이다. 그러나 확실한 것 하나는 지구 환경이 늘 변해 왔고, 그때마다 생태계가 리셋되었으며, 지금도 그 일은 계속된다는 점이다. 우리는 적자생존의 의미를 가장 잘 적응한 생물이 살아남는 것이라고 생각하지만, '가장 잘'이라기보다 '그런대로 잘' 견딘 생물이 살아남는다고 보아야 옳다. 그렇지 않으면 하나의 속에 그 많은 종이 나타날 리 없지 않은가. 우리 인간은 가장 뛰어난 생물이 아니라 부족한 점이 많은데도 그런대로 잘 적응한 생물인 셈이다. 자연에 수없이 많은 종의 생물이 존재하는 이유는 그들이 마땅히 있어야 하기 때문이다. 생물들은 모두 같은 가치를 지닌 하나의 점이다. 이 점이 하나둘 사라지기 시작하면 가속도가 붙어 어느 순간 모두 없어지고 말 것이다. 그러니 생물끼리 더불어 잘 사는 것이 정답이다.

다행히도 우리의 유전자 속에는 더불어 사는 삶이 생존에 유리하다는 정보가 담겨 있다. 먼 옛날 서로 모자란 부분을 채우며 공생한 세포들, 무리 지어 새끼를 보호하는 동물들, 거짓된 행동을 하는 개체를 무리에서 쫓아내는 고래들. 이처럼 이타적인 행동을 하는 유전자가 우리에게도 있다. 그러나 유전자는 말이 없다. 가만히 있으면 겉으로 드러나지 않는다. 자연의 상태에 대해 공부하고, 자연을 빙자해 사기 치는 사람들을 솎아 내고, 자연을 망치는 사람들에게 책임을 물어 모두 함께 사는 자연이 되도록 행동해야 한다. 그래야 인간 사이에서도 이타적 유전자가 널리 퍼질 것이다.

참고 자료 및 출처

단행본

『35억 년, 지구 생명체의 역사』, 더글러스 파머 지음, 피터 바렛 그림, 강주헌 옮김, 예담 2010

『고생물학개론』, 마이클 J. 벤턴·데이비드 A. T. 하퍼 지음, 김종헌 외 7인 옮김, 박학사 2014

『공룡』, 크리스토퍼 맥고원 지음, 이양준 옮김, 이지북 2005

『공룡대탐험』, 이융남 지음, 창비 2000

『내 안의 물고기』, 닐 슈빈 지음, 김명남 옮김, 김영사 2009

『눈의 탄생』, 앤드루 파커 지음, 오숙은 옮김, 뿌리와이파리 2007

『대멸종』, 마이클 J. 벤턴 지음, 류운 옮김, 뿌리와이파리 2007

『동물분류학』, 한국동물분류학회 편저, 집현사 2003

『런던 자연사 박물관』, 리처드 포티 지음, 박중서 옮김, 까치 2009

『마이크로 코스모스』, 린 마굴리스·도리언 세이건 지음, 홍욱희 옮김, 김영사 2011

『버제스 셰일 화석군』, 데릭 브릭스 외 2인 지음, 칩 클라크 사진, 김동희 옮김, 나남 2010

『빙하기』, 존 그리빈·메리 그리빈 지음, 김웅서 옮김, 사이언스북스 2006

『살아 있는 지구의 역사』, 리처드 포티 지음, 이한음 옮김, 까치 2005

『삼엽충』, 리처드 포티 지음, 이한음 옮김, 뿌리와이파리 2007

『생명 — 40억 년의 비밀』, 리처드 포티 지음, 이한음 옮김, 까치 2007

『생명 — 생물의 과학』, 윌리엄 K. 퍼브스 외 3인 지음, 이광웅 외 8인 옮김, 교보문고
    2007 (개정 7판)

『생명 최초의 30억 년』, 앤드류 H. 놀 지음, 김명주 옮김, 뿌리와이파리 2007

『생명, 그 경이로움에 대하여』, 스티븐 J. 굴드 지음, 김동광 옮김, 경문사 2004

『세포의 세계』, 제프 하딘 외 7인 지음, 피어슨에듀케이션코리아 2012 (개정 8판)

『완벽한 빙하 시대』, 브라이언 페이건 엮음, 이승호·김맹기·황상일 옮김, 푸른길 2011

『우주로의 여행 1, 2』, 앤드류 프레크노이 외 2명 지음, 윤홍식 옮김, 청범출판사 1998,
    2000

『조상 이야기』, 리처드 도킨스 지음, 이한음 옮김, 까치 2005

『지구과학개론』, 한국지구과학회 엮음, 교학연구사 2005

『지구의 기억』, 이언 플리머 지음, 김소정 옮김, 삼인 2008

『지사학』, 리드 위캔더·제임스 S. 먼로 지음, 김종헌 외 7인 옮김, 박학사 2012 (개정
    6판)

『지상 최대의 쇼』, 리처드 도킨스 지음, 김명남 옮김, 김영사 2009

『최초의 인류』, 앤 기번스 지음, 오숙은 옮김, 뿌리와이파리 2008

『풀하우스』, 스티븐 J. 굴드 지음, 이명희 옮김, 사이언스북스 2002

『흥미로운 심해 탐사 여행』, 달린 트루 크리스트 외 2명 지음, 김성훈 옮김, 시그마북스
    2010

Christopher J. Cleal & Barry A. Thomas, *Introduction to Plant Fossils*, Cambridge
    University Press 2009

DK Publishing, *Prehistoric Life*, DK publishing 2009

John A. Long, *The Rise of Fishes*, Johns Hopkins University Press 2010

Ken McNamara, *Stromatolites*, Western Australian Museum 2009

Matt Kaplan, *David Attenborough's First Life*, HarperCollins UK 2010

Neil Campbell & Jane B. Reece , *Biology*, Pearson, Benjamin Cummings 2005

Neil Shubin, *Your inner fish*, Vintage Books 2009

Sonia Dourlot, *Insect museum*, Firefly Books 2009

이미지 출처

12면, 15면, 26면, 33면, 44면, 117면, 154면   이지유 제공

14면   Aleksander Kaasik (commons.wikimedia.org)

17면   funkz (www.flickr.com)

28면   YassineMrabet (commons.wikimedia.org)

34면   ①② 미국 국립 알레르기 전염병 연구소

36면   미국 항공 우주국

47면   Daderot (commons.wikimedia.org)

53면   Josef Reischig (commons.wikimedia.org)

57면   Picturepest (www.flickr.com)

64면   Alex.X (commons.wikimedia.org)

71면   미국 국립 해양 대기청

72면   (좌) 미국 환경 보호국

        (우) Frank Fox (commons.wikimedia.org)

80면   (디킨소니아) Verisimilus (commons.wikimedia.org)

81면   (파르반코리나) Daderot (commons.wikimedia.org)

        (카르니아) Paul Stainthorp (commons.wikimedia.org)

84면   미국 항공 우주국

94면   ①~④ gery parent (www.flickr.com)

98면   Gyik Toma (commons.wikimedia.org)

103면   James St. John (www.flickr.com)

110면 ① Tomleetaiwan (commons.wikimedia.org)

② Dwergenpaartje (commons.wikimedia.org)

122면 (좌) Manfred Morgner (commons.wikimedia.org)

(우) Jason Hollinger (commons.wikimedia.org)

123면 Jan Stubenitzky (commons.wikimedia.org)

128면 Kate Ter Haar (www.flickr.com)

131면 (우) Plantsurfer (commons.wikimedia.org)

138면 (좌) rachaelvoorhees (www.flickr.com)

(우) zeevveez (www.flickr.com)

142면 ① Vadim Kurland (www.flickr.com)

② Forest and Kim Starr (www.flickr.com)

③ 白士李 (www.flickr.com)

④ Derek Keats (www.flickr.com)

146면 Hcrepin (commons.wikimedia.org)

147면 Andy Murray (www.flickr.com)

149면 미국 국립 해양 대기청

159면 미국 조슈아 트리 국립 공원

163면 Hans Hillewaert (commons.wikimedia.org)

169면 (위)(아래) Dmitry Bogdanov (commons.wikimedia.org)

173면 Alberto Fernandez Fernandez (commons.wikimedia.org)

174면 Dr. Günter Bechly (commons.wikimedia.org)

177면 Obsidian Soul (commons.wikimedia.org)

178면 Dr. Günter Bechly (commons.wikimedia.org)

179면 Dr. Günter Bechly (commons.wikimedia.org)

183면 H.zell (commons.wikimedia.org)

189면 LennyWikidata (commons.wikimedia.org)

190면 ①② James St. John (www.flickr.com)

③ Dr. René Hoffmann (commons.wikimedia.org)

④ Lisa Ann Yount (www.flickr.com)

194면 Mollwollfumble (commons.wikimedia.org)

195면 Tadek Kurpaski (commons.wikimedia.org)

197면 Chase Elliott Clark (www.flickr.com)

198면 H. Zell (commons.wikimedia.org)

200면 (마이아사우라) Daderot (commons.wikimedia.org)

(스테고사우루스) 런던 자연사 박물관

201면 (스테고케라스) Chrisophe Hendrickx (commons.wikimedia.org)

(사이카니아) Ghedoghedo (commons.wikimedia.org)

(트리케라톱스) 로스앤젤레스 자연사 박물관

203면 Eduard Solà (commons.wikimedia.org)

204면 the paleobear (www.flickr.com)

205면 Evan Howard (www.flickr.com)

210면 (악어) Tambako The Jaguar (www.flickr.com)

(박쥐) Matt Reinbold (www.flickr.com)

211면 (하마) mcamcamca (www.flickr.com)

(호랑이) Danny Nicholson (www.flickr.com)

(코끼리) Gunther Hagleitner (www.flickr.com)

214면 Vince Smith (commons.wikimedia.org)

221면 Tim Evanson (www.flickr.com)

222면 DrMikeBaxter (commons.wikimedia.org)

창비청소년문고 20

숨 쉬는 것들의 역사: 단숨에 읽는 35억 년 생물 이야기

초판 1쇄 발행 • 2016년 2월 25일
초판 2쇄 발행 • 2018년 4월 25일

지은이 • 이지유
펴낸이 • 강일우
책임편집 • 김효근
조판 • 박아경
펴낸곳 • (주)창비
등록 • 1986년 8월 5일 제85호
주소 • 10881 경기도 파주시 회동길 184
전화 • 031-955-3333
팩시밀리 • 영업 031-955-3399 편집 031-955-3400
홈페이지 • www.changbi.com
전자우편 • ya@changbi.com

ⓒ 이지유 2016
ISBN 978-89-364-5220-9 43470